球形储罐减隔震理论、方法及试验

孙建刚 吕 远 刘宝良 崔利富 著

U0264331

中国石化出版社

·北京·

内 容 提 要

本书系统地介绍了球形储罐减隔震基本理论和方法，开展了相关数值分析和试验研究，建立了球形储罐减隔震体系力学模型并给出了详细的推导过程。全书内容主要包括：常见球形储罐的结构形式、震害特点及我国现行的相关抗震设计规范和方法；基于流体－结构耦合效应的球形储罐地震响应分析基本理论；从理论建模、有限元数值仿真和振动台试验介绍了球形储罐滚动隔震体系的减震机理和性能；球形储罐减震体系的相关基本理论及减震分析。

本书可作为从事土木工程、储运工程等领域工程设计人员、技术人员的参考书，也可供上述专业学习参考。

图书在版编目(CIP)数据

球形储罐减隔震理论、方法及试验/孙建刚等著 . —北京：
中国石化出版社，2023.12
ISBN 978－7－5114－7316－5

Ⅰ.①球… Ⅱ.①孙… Ⅲ.①球形油罐－抗震－
研究 Ⅳ.①TE972

中国国家版本馆 CIP 数据核字(2023)第 253831 号

中国石化出版社出版发行
地址:北京市东城区安定门外大街58号
邮编:100011　电话:(010)57512500
发行部电话:(010)57512575
http://www.sinopec-press.com
E-mail:press@sinopec.com
北京富泰印刷有限责任公司印刷
全国各地新华书店经销
*
710 毫米×1000 毫米 16 开本 11.25 印张 202 千字
2023 年 12 月第 1 版　2023 年 12 月第 1 次印刷
定价:65.00 元

前　言

石油化工工业是关系国家经济命脉的支柱产业，在促进国民经济和社会发展中具有重要地位和作用。"十三五"期间我国石油化工行业已基本形成"基地化、园区化、一体化"的发展理念，造就了以环渤海、长三角、珠三角和东北、西北、沿江为特征的"三圈三带"产业格局。随着我国石化工业的蓬勃发展，球形储罐作为应用最广泛的石化设备之一，其建造也随之进入高速发展阶段，且逐渐呈现规模化、大型化的趋势。"十四五"高质量发展的新内涵和新要求，给中国石油化工工业发展提出了更高的要求，根据国家能源战略布局和石化工业总体规划，可以预见，在未来相当长的一段时间内，我国球形储罐数量及其总存储容量仍将快速增加。

我国地处环太平洋地震带，对石油化工工业中球形储罐构成了严重威胁。根据国内外震害调查，球形储罐是石化工业中最易损的结构之一，几乎每次大地震都存在球罐破坏事故。从以往球形储罐震害中不难发现，由于球罐通常存储液化天然气（LNG）、液化石油气（LPG）、丁烷等易燃、易爆的石化物料，常常处在低温、高压状态，强烈地震对球形储罐造成巨大破坏的同时往往会引发有毒有害、易燃易爆介质泄漏，造成环境污染、火灾、爆炸等严重次生灾害，导致重大人员伤亡和经济损失，对国计民生和公共安全影响极大。尤其球形储罐向着大型化发展，其震害的破坏性更大。因此，如何有效提升在役和拟建球形储罐抵御地震灾害的能力已成为目前亟待解决的关键问题。

当前采用减隔震技术提升建筑物的抗震性能已成为主流的研究方向，阻尼器耗能减震、基础隔震等技术广泛地应用于常规建筑，并且已经受住实际地震的考验。将减隔震技术引入球形储罐提升其抗震性能是一种切实可行的解决方案。球形储罐与常规建筑结构特点存在较大差异，可参考但不能照搬常规建筑结构的减隔震研究经验，而目前国内有关球形储罐减隔震的研究相对较少，尤其鲜有相关理论研究和试验研究，因此提出适合球形储罐的新型减隔震体系、新型减隔震装置、完整地建立针对球形储罐减隔震设计和分析的系统性理论与方法，以及开展球形储罐减隔震结构体系的试验研究，就显得尤为重要。

　　本书针对提升球形储罐抗震性能这一亟待解决的关键问题，根据目前国内外相关研究现状，分别提出新型的球形储罐减震、隔震结构体系，设计适用于球罐结构的新型减震阻尼器、滚动隔震装置并建立对应力学模型和定量设计方法，分别建立球形储罐减震、隔震结构体系的理论分析模型，结合有限元数值仿真方法和振动台试验研究，针对球形储罐新型减震、隔震结构体系和技术理论、方法进行了系统介绍。全书共分为6章，第1章主要介绍了常见球形储罐的结构形式、震害特点及我国现行的相关抗震设计规范和方法，第2章为基于流体－结构耦合效应的球形储罐地震响应分析基本理论，第3章到第5章分别从理论建模、有限元数值仿真和振动台试验等方面介绍了球形储罐滚动隔震体系的减震机理和性能，第6章介绍了球形储罐减震体系的相关基本理论及减震分析。

　　本书的研究内容，得到了广东省重点领域研发计划项目"油气储运重大基础设施灾害防御关键技术及装备研发与示范"（2019B111102001）以及国家自然基金项目（51878124）的资助。对此表示衷心的感谢！同时对书中所引用的相关文献的作者表示感谢。

　　由于作者水平有限，本书难免有不足之处，还望读者批评指正。

目　　录

第1章　球形储罐结构及抗震设计方法

1.1　球形储罐结构形式和震害特点

1.1.1　球形储罐结构形式

球形储罐是石油化工典型的储存类容器，通常用来储运易燃、易爆和有毒介质，常常处在高温、低温、高压的运行状态。球形储罐按储存的介质性质分类可分为液相介质球罐和气相介质球罐。按支撑结构的差异球形储罐可分为支柱式和裙座式两大类，如图1.1所示。支柱式支承包括赤道相切(相割)柱式支承、V形柱式支承和三柱合一柱式支承。裙座式支承包括圆筒裙式支承、锥形支承，及采用钢筋混凝土连续基础支承的半埋式支承、锥底支承。其中赤道正切柱式支承球形储罐最为常见。

(a)支柱式球形储罐　　　　　　　　　　　(b)裙座式球形储罐

图1.1　球形储罐

我国球罐设计规范《钢制球形储罐》(GB/T 12337—2014)[1]选用的便是赤道正切柱式支承球形储罐,其结构特点为球壳由多根钢管柱在球壳赤道部位沿圆周等距离布置,支柱中心线与球壳内壁相切或近似相切(相割)。同时,为了保证风荷载、地震荷载作用时球罐整体结构的稳定性,在支柱间对称设置斜拉杆,球罐整体结构示意图及各部分名称如图1.2及图1.3所示。支柱式支承形式具有受力均匀,能承受热膨胀变形,便于安装、施工、运维、检修,且适用于多种规格的球罐等优点,但也存在结构体系重心相对较高、整体稳定性相对较差的劣势。

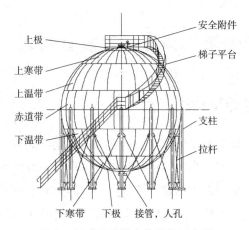

图 1.2　球形储罐主体结构示意图

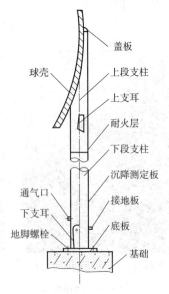

图 1.3　支柱示意图

1.1.1.1 球壳

球形储罐中球壳类型可分为橘瓣式和混合式，其型式和球壳各板带名称及编号如图1.4及图1.5所示。

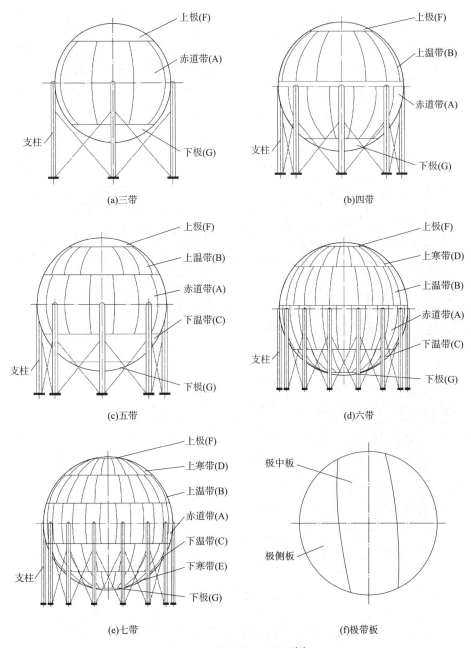

图 1.4 橘瓣式球形储罐[2]

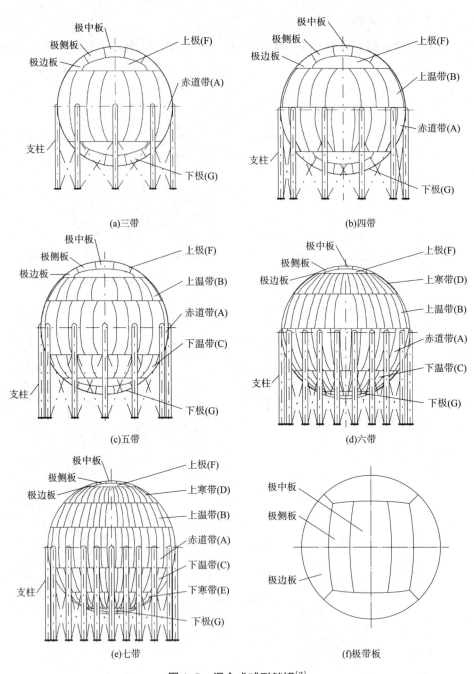

图 1.5 混合式球形储罐[2]

我国于 20 世纪 60 年代开始建造球形储罐，受限于当时工业水平，储罐容积大多不超过 1000m³，而 2011 年发布的《钢制球形储罐型式与基本参数》（GB/T

17261—2011)[2]已将球形储罐最大公称容积扩大至25000m³，球形储罐逐渐向大型化发展，常见橘瓣式和混合式球形储罐的基本参数如表1.1与表1.2所示。

表1.1 橘瓣式球罐基本参数[2]

公称容积/m³	球壳内直径或球罐基础中心圆直径/mm	几何容积/m³	支柱底板底面至球壳赤道平面的距离/mm	球壳分带数	支柱根数	上极F	上寒带D	上温带B	赤道带A	下温带C	下寒带E	下极G
50	4600	51	4200	3	4	90/3	—	—	90/8	—	—	90/3
120	6100	119	5000	3	4	90/3	—	—	90/8	—	—	90/3
200	7100	187	5600	3	4	90/3	—	—	90/8	—	—	90/3
200	7100	187	5600	3	5	90/3	—	—	90/10	—	—	90/3
400	9200	408	6600	3	5	90/3	—	—	90/10	—	—	90/3
400	9200	408	6600	3	6	90/3	—	—	90/12	—	—	90/3
650	10700	641	7400	3	6	90/3	—	—	90/12	—	—	90/3
650	10700	641	7400	4	8	60/3	—	55/16	65/16	—	—	60/3
1000	12300	974	8200	4	8	60/3	—	55/16	65/16	—	—	60/3
1000	12300	974	8200	5	8	54/3	—	36/16	54/16	36/16	—	54/3
1500	14200	1499	9000	5	8	54/3	—	36/16	54/16	36/16	—	54/3
1500	14200	1499	9000	5	10	54/3	—	36/20	54/20	36/20	—	54/3
2000	15700	2026	9800	5	8	54/3	—	36/16	54/16	36/16	—	54/3
2000	15700	2026	9800	5	10	42/3	—	42/20	54/20	42/20	—	42/3
2000	15700	2026	9800	5	12	42/3	—	42/24	54/24	42/24	—	42/3
3000	18000	3054	11000	5	10	42/3	—	42/20	54/20	42/20	—	42/3
3000	18000	3054	11000	5	12	42/3	—	42/24	54/24	42/24	—	42/3
4000	19700	4003	11800	5	10	42/3	—	42/20	54/20	42/20	—	42/3
4000	19700	4003	11800	6	12	36/3	32/18	36/24	40/24	36/24	—	36/3
5000	21200	4989	12600	6	12	36/3	32/18	36/24	40/24	36/24	—	36/3
5000	21200	4989	12600	6	14	36/3	32/21	36/28	40/28	36/28	—	36/3
6000	22600	6044	13200	6	12	36/3	32/18	36/24	40/24	36/24	—	36/3
6000	22600	6044	13200	6	14	36/3	32/21	36/28	40/28	36/28	—	36/3
8000	24800	7986	14400	6	14	36/3	32/18	36/24	40/24	36/24	—	36/3
8000	24800	7986	14400	7	14	32/3	26/21	30/28	36/28	30/28	26/21	32/3
10000	26800	10079	15400	7	14	32/3	26/21	30/28	36/28	30/28	26/21	32/3

表 1.2 混合式球罐基本参数[2]

公称容积/m³	球壳内直径或球罐基础中心圆直径/mm	几何容积/m³	支柱底板底面至球壳赤道平面的距离/mm	球壳分带数	支柱根数	各带球心角(°)/各带分块数						
						上极 F	上寒带 D	上温带 B	赤道带 A	下温带 C	下寒带 E	下极 G
1000	12300	974	8200	3	8	112.5/7	—	—	67.5/16	—	—	112.5/7
1500	14200	1499	9000	3	8	112.5/7	—	—	67.5/16	—	—	112.5/7
				4	10	90/7	—	40/20	50/20	—	—	90/7
2000	15700	2026	9800	3	8	112.5/7	—	—	67.5/16	—	—	112.5/7
				3	10	107.5/7	—	—	72.5/20	—	—	107.5/7
				4	10	90/7	—	40/20	50/20	—	—	90/7
3000	18000	3054	11000	3	10	105/7	—	—	75/20	—	—	105/7
				4	10	90/7	—	40/20	50/20	—	—	90/7
				4	12	90/7	—	40/24	50/24	—	—	90/7
4000	19700	4003	11800	4	10	90/7	—	40/20	50/20	—	—	90/7
				4	12	90/7	—	40/24	50/24	—	—	90/7
				5	14	65/7	—	38/28	39/28	38/28	—	65/7
5000	21200	4989	12600	4	12	75/7	—	45/24	60/24	—	—	75/7
				5	12	75/7	—	30/24	45/24	30/24	—	75/7
				5	14	65/7	—	38/28	39/28	38/28	—	65/7
6000	22600	6044	13200	5	12	75/7	—	30/24	45/24	30/24	—	75/7
				5	14	65/7	—	38/28	39/28	38/28	—	65/7
8000	24800	7986	14400	5	14	65/7	—	38/28	39/28	38/28	—	65/7
10000	26800	10079	15400	5	14	65/7	—	38/28	39/28	38/28	—	65/7
12000	28400	11994	16200	5	14	65/7	—	38/28	39/28	38/28	—	65/7
15000	30600	15002	17200	5	16	60/7	—	40/32	40/32	40/32	—	60/7
18000	32500	17974	18200	5	16	56/7	—	41/32	42/32	41/32	—	56/7
				6	18	50/7	30/36	32/36	36/36	32/36	—	50/7
20000	33700	20040	18800	6	18	50/7	30/36	32/36	36/36	32/36	—	50/7
23000	35300	23032	19600	6	18	50/7	30/36	32/36	36/36	30/36	—	50/7
25000	36300	25045	20200	6	18	50/7	30/36	32/36	36/36	32/36	—	50/7
				7	20	45/7	27/30	27/40	27/40	27/40	27/30	40/7

1.1.1.2 支柱与球壳的连接

本书仅介绍支柱与球壳赤道正切或相割式连接。通常支柱与球壳连接处可采用直接连接结构型式、加 U 形托板结构型式、长圆形结构型式，如图 1.6 所示。

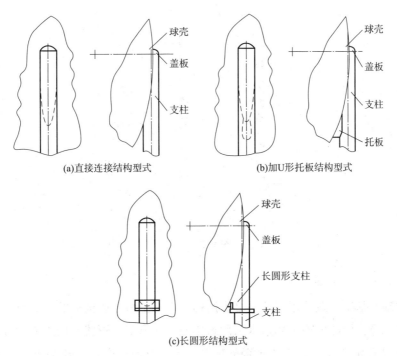

图 1.6 支柱与球壳连接型式

1.1.1.3 拉杆

球罐拉杆通常有可调式和固定式两种。可调式拉杆采用松紧节调节拉杆的张拉和松弛，固定式拉杆的交叉处采用十字相焊或与固定板相焊，如图 1.7 所示。

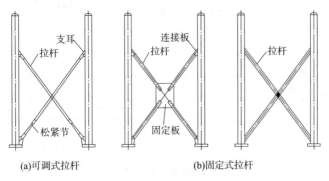

图 1.7 拉杆

1.1.1.4 支柱

支柱通常采用钢管或钢板卷制。支柱中设置有通气孔，对储存易燃易爆介质或液化石油气的球罐，还设有耐火层。支柱底板设有通孔，如图1.8所示。

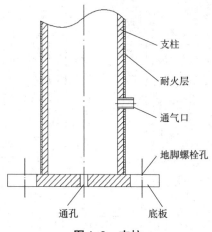

图1.8　支柱

1.1.1.5 基础

球罐的基础一般采用钢筋混凝土结构。由于土壤土质构造的差异可能会导致不均匀沉降，因此球罐基础通常采用耐扭曲的环形基础形式。图1.9为球罐环形基础结构示意图。图1.10为球罐支柱滑动板、地脚螺栓和基础结构。

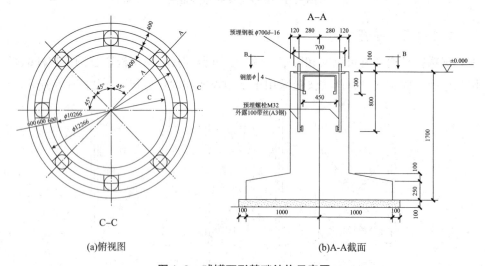

(a)俯视图　　　　　　　　　　(b)A-A截面

图1.9　球罐环形基础结构示意图

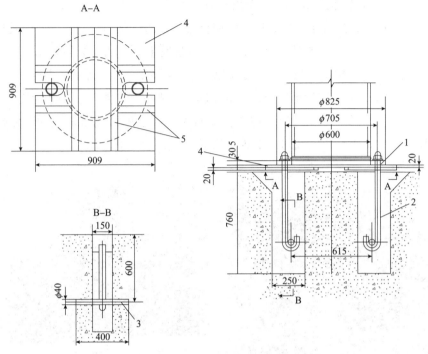

图1.10　球罐支柱滑动板、地脚螺栓和基础结构
1—支柱底板；2—地脚螺栓；3—锚杆；4—滑动板；5—加强筋

1.1.2　球形储罐震害特点

与立式圆筒形储罐相比，球形储罐具有用钢量小、基础形式简单、受风面小、承载力大等特点，通常用于储存带压的液化气、轻质油类或其他化工产品。根据以往的震害调查可知球形储罐的支承体系更易遭受破坏，较典型的破坏形式为拉杆断裂以及拉杆与支柱连接部位破坏、地脚螺栓破坏等。同时，由于球形储罐通常处理和储运易燃、易爆和有毒介质，常常处在高温或低温、高压状态，地震中一旦发生破坏往往会引发爆炸、火灾、毒气泄漏等严重次生灾害[3]。

1952年，美国加利福尼亚中部发生里氏7.7级地震，造成PALONA合成工厂的10余台直径为10m的球罐发生破坏，其中241号球罐发生支柱底部焊缝开裂，拉杆断裂，地脚螺栓拉升变形，球罐连接管道破裂等破坏，罐内液化丁烷泄漏引起爆炸和火灾。1965年智利中部发生里氏7.25级地震，地震造成CONCON炼油厂的两台球罐立柱基础发生破坏，其附属管道严重变形。1975年海城地震，处于7度区的盘锦化肥厂一台120m³液氨罐发生破坏，地震时12根拉杆中有7

根断裂。1999年土耳其Kocaeli省突发地震，引发了当地炼油厂严重的安全事故。地震对厂区内储罐造成了严重破坏，致使易燃易爆的危化品泄漏，进而引发严重的火灾和爆炸。2008年5月12日四川省汶川县发生里氏8.0级特大地震，造成附近化工厂区内储罐严重破坏，引起硫酸、液氨等化工产品泄漏。2011年3月11日，日本东北部海域发生里氏9.0级地震，造成东京湾内大量球罐倒塌，油气泄漏引发火灾与爆炸[4]，同时也造成位于日本千叶县的液化石油气球形储罐破坏，同样引发了重大火灾和爆炸事故，如图1.11、图1.12所示。

(a)支柱断裂，球罐倒塌　　　　　　　　(b)"X"形支承结构破坏

图1.11　2011年日本9.0级地震造成球罐破坏

图1.12　地震引发炼油厂球形储罐火灾和爆炸

抗震性能较差的局部结构、构件很大程度上决定了球形储罐系统整体抗震性能较弱这一特点。相对罐体结构，支承结构是整个结构体系中的薄弱位置，因此球形储罐最典型的震害之一便是支承结构的破坏，包括连接构件间焊缝拉裂，地脚螺栓拉长或剪断，支腿或拉杆拉断，罐体移位甚至倾倒，以及与罐体相连接的工艺管线拉断等。因此在进行球形储罐抗震、隔震及减震研究、设计时应重点关注其支承结构的受力，以此作为主要控制目标。

1.2　球形储罐抗震设计方法

1.2.1　抗震设计一般要求

球形储罐抗震设计的总体要求是保证球罐在遭遇设计允许烈度的地震时不致发生严重损坏、倒塌等破坏，同时避免易燃易爆及有毒介质泄漏、逸出，造成火灾、爆炸、环境污染等严重次生灾害。其具体要求包括[5]：

(1)金属结构构件的焊接和铆接应牢固可靠，并无严重腐蚀和变形。

(2)设备和装置的连接(包括地脚螺栓、销钉)应无损伤、松动和严重锈蚀，螺母应采用双螺母或有锁紧装置。

(3)球壳与支柱、支柱与耳板、拉杆与翼缘、支柱底板与支柱间的连接焊缝应饱满。

(4)拉杆的张紧程度应均匀，拉力不宜过大。

(5)对球罐的拉杆和支柱应进行抗震验算。抗震能力不足时可采用加粗拉杆或铰接处销钉；增加拉杆或拉绳的数量；加设减隔震装置等。

(6)球罐之间的联系平台，一端应采用活动支撑。

(7)应对设防烈度为7度的Ⅱ、Ⅲ、Ⅳ类场地和8度、9度地震区球罐支撑进行抗震验算。连接球罐的液相、气相管应设置弯管补偿器或其他柔性接头。

(8)球罐基础宜做成环状整体。

1.2.2　国内相关规范中球罐地震荷载计算方法

地震作用是一种外部激励强迫运动。地震作用时地面发生振动，造成球罐的地基相对球罐重心的突然迁移，进而引发球罐的摆动。在球罐惯性力作用下，其支承结构发生弹性(塑性)屈曲并在基底部位产生最大剪力。当球罐自身结构强度，以及与基础连接的地脚螺栓不足以抵抗因地震而产生的外力时便会发生损坏，以至于造成球罐倒塌等严重事故。

由于地震时地面发生水平方向和竖向方向振动，因此球罐将产生平行于地面的惯性力和垂直于地面的惯性力。根据力学理论可将惯性力转换为反映地震作用的地震的等效荷载，即为地震荷载，实质是将动态作用转化为静态。将球罐的水平地震荷载视为附加作用罐体赤道平面的一种外力荷载，以此作为计算支柱、拉杆等各部抗震能力的依据。通常情况下球罐结构具有足够的强度抵御竖向荷载附加的内力，且水平与竖向荷载往往不会同时达到最大值，因此球罐抗震设计时一般不考虑竖向地震荷载的影响。

当前球罐的抗震设计主要采用基于反应谱理论的地震荷载计算方法，首先须计算球罐固有振动周期，而后对照反应谱获取地震响应影响系数，进而求得地震荷载用于抗震设计和验算。目前我国有关部门发布的有关球罐抗震设计、鉴定的现行规范主要有：

《钢制球形储罐》(GB/T 12337—2014)[1]；

《石油化工钢制设备抗震设计标准》(GB/T 50761—2018)[6]；

《构筑物抗震设计规范》(GB 50191—2012)[7]；

《钢制球型储罐抗震鉴定技术标准》(SY 4081—1995)[8]等。

现分别介绍上述规范中有关球罐的地震荷载计算方法。其中《构筑物抗震设计规范》(GB 50191—2012)与《石油化工钢制设备抗震设计标准》(GB/T 50761—2018)计算方法相似，仅以 GB/T 50761—2018 为例进行介绍。

1.2.2.1 《钢制球形储罐》(GB/T 12337—2014)

《钢制球形储罐》(GB/T 12337—2014)[1]是由全国锅炉压力容器标准化技术委员会负责制定和归口的球形储罐标准，用以规范我国球罐设计、制造、组焊、检验和验收。该规范适用于设计压力不大于 6.4MPa、设计温度范围按钢材允许使用的温度的橘瓣式或混合式以支柱支撑的球罐。

球罐示意图如图 1.13 所示，将球罐视为一个单质点体系[1]，其自振周期可根据式(1.1)计算。

$$T = \pi \sqrt{\frac{m_0 H_0^3 \xi \times 10^{-3}}{3 n E_s I}} \tag{1.1}$$

式中 $m_0 = m_1 + m_2 + m_3 + m_4 + m_5 + m_6$，球罐等效质量，kg；

m_1——球壳质量，kg；

m_2——介质质量，kg；

m_3——积雪质量，kg；

m_4——保温层质量，kg；

m_5——支柱和拉杆质量，kg；

m_6——附件质量，包括人孔、接管、液位计、内件、喷淋装置、安全阀梯子平台等，kg；

$\xi = 1 - \left(\dfrac{1}{H_0}\right)^2 \left(3 - \dfrac{2l}{H_0}\right)$，为拉杆影响系数，也可由表1.3查取；

n——支柱数量；

E_s——支柱弹性模量，MPa；

$I = \dfrac{\pi}{64}(d_o^4 - d_i^4)$，为支柱横截面惯性矩，mm⁴；

d_o——支柱外径；

d_i——支柱内径。

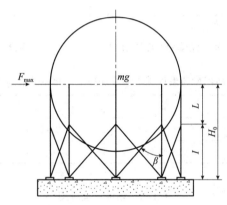

图1.13 《钢制球形储罐》(GB/T 12337—2014)[1]中球罐示意图

表1.3 拉杆影响系数[1]

l/H_0	0.90	0.80	0.75	0.70	0.65	0.60	0.50
ξ	0.028	0.104	0.156	0.216	0.282	0.352	0.500

根据自振周期，对照图1.14的地震影响系数曲线求得地震影响系数 α，进而求得球罐水平地震力及弯矩，如式(1.2)、式(1.3)所示。

$$F_e = \alpha m_0 g \tag{1.2}$$

$$M = F_e(H_0 - l) \tag{1.3}$$

图1.14中 α_{max} 为水平地震影响系数最大值，根据抗震设防烈度取值，如表1.4所示；T_g 为各类场地的特征周期，按表1.5查取；$\gamma = 0.9 + \dfrac{0.05 - \zeta}{0.3 + 6\zeta}$，为曲线下降段的衰减指数，$\zeta$ 为阻尼比，应根据实测值确定，无实测数据时可取

0.035；$\eta_1 = 0.02 + \dfrac{0.05 - \zeta}{4 + 32\zeta}$，为直线下降段下降斜率的调整系数，小于 0 时取 0；

$\eta_2 = 1 + \dfrac{0.05 - \zeta}{0.08 + 1.6\zeta}$，为阻尼调整系数，小于 0.55 时取 0.55。

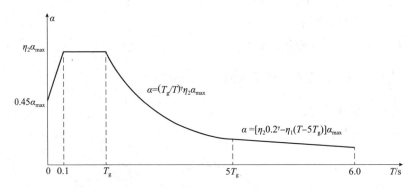

图 1.14 《钢制球形储罐》(GB/T 12337—2014)[1] 采用地震影响系数曲线

表 1.4 抗震设防烈度与设计基本地震加速度、水平地震最大影响系数对照

抗震设防烈度	7	8	9
设计基本地震加速度	$0.1g(0.15g)$	$0.2g(0.3g)$	$0.4g$
水平地震最大影响系数	$0.08(0.12)$	$0.16(0.24)$	0.32

表 1.5 场地特征周期

设计地震分组	场地类别				
	I_0	I_1	II	III	IV
第一组	0.20	0.25	0.35	0.45	0.65
第二组	0.25	0.30	0.40	0.50	0.75
第三组	0.30	0.35	0.45	0.55	0.90

1.2.2.2 《石油化工钢制设备抗震设计标准》(GB/T 50761—2018)

《石油化工钢制设备抗震设计标准》(GB/T 50761—2018)[6] 由中国石化工程建设有限公司会同有关单位共同编制，适用于抗震设防烈度为 6~9 度或设计基本地震加速度为 $0.05g$~$0.40g$ 地区的石油化工装置中的卧式设备、支腿式直立设备、支耳式直立设备、裙座式直立设备、球形储罐、立式圆筒形储罐和加热炉等钢制设备的抗震设计。

该规范介绍了适用于赤道正切柱支撑的可调式和固定式拉杆结构的钢制球形

储罐，不适用于支柱隔—拉杆拉接或设有两层拉杆结构的储罐。规范中同样将球罐看作一个单支点体系，在操作状态下的等效质量按式(1.4)计算。

$$m_{eq} = m_1 + \varphi m_L + 0.5 m_3 + m_4 + m_5 \qquad (1.4)$$

式中　m_{eq}——球罐在操作状态下的等效质量，kg；

$\quad\quad m_1$——球壳质量，kg；

$\quad\quad m_L$——储液质量，kg；

$\quad\quad \varphi$——储液的有效率系数，根据罐内液体填充度按图1.15选取，图中 m_{100} 为球罐100%充满液体时的液体质量；

$\quad\quad m_3$——支柱和拉杆的质量，kg；

$\quad\quad m_4$——球罐其他附件质量，包括各开口、喷淋装置、梯子和平台等，kg；

$\quad\quad m_5$——球罐保温层质量，kg。

球罐支撑结构(图1.16)的水平刚度按式(1.5)计算。

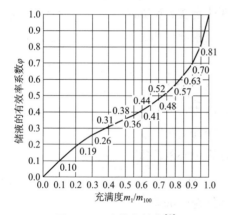

图1.15　液体有效率[6]

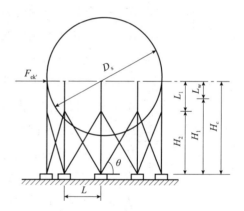

图1.16　球罐结构示意图

$$K = \cfrac{1}{\cfrac{1}{K_1} + \cfrac{1}{K_2}} \qquad (1.5)$$

$$K_1 = \frac{3nEA_c D_b^2}{8H_c^3} \qquad (1.6)$$

$$K_2 = nK_c \left[\frac{2C_1}{C_2 + \cfrac{4LK_c}{EA'}} + 1 \right] \qquad (1.7)$$

$$K_c = \frac{3EI_c}{H_1^3} \qquad (1.8)$$

$$A' = \cfrac{1}{\cfrac{C_3}{A_b \cos^3\theta} + \cfrac{C_4 \tan^3\theta}{A_c}} \tag{1.9}$$

$$C_1 = 0.25\lambda_c^2 (3 - \lambda_c^2)^2 \tag{1.10}$$

$$C_2 = \lambda_c^2 (1 - \lambda_c)^3 (3 + \lambda_c) \tag{1.11}$$

$$\lambda_c = \frac{H_2}{H_1} \tag{1.12}$$

$$H_1 = H_c - L_w \tag{1.13}$$

$$L_w = \frac{1}{2}\sqrt{\frac{D_c D_s}{2}} \tag{1.14}$$

$$\theta = \tan^{-1}\frac{H_2}{L} \tag{1.15}$$

式中　　　　　　K——球罐支撑结构的水平刚度，N/mm；

K_1——球罐支撑结构的弯曲刚度，N/mm；

K_2——球罐支撑结构的剪变刚度，N/mm；

n——支柱根数；

E——支柱材料的弹性模量，MPa；

A_c——单根支柱的横截面面积，mm^2；

D_b——支柱中心圆直径，mm；

H_c——支柱底板底面至球壳中心的高度，mm；

L——相邻支柱间的距离，mm；

I_c——单根支柱的截面惯性矩，mm^4；

A_b——拉杆的有效截面积，mm^2；

θ——拉杆的仰角，（°）；

H_1——支柱有效高度，mm；

H_2——底板至拉杆安装处距离，mm；

L_w——支柱与球壳连接焊缝长度的1/2，mm；

D_c——支柱外径，mm；

D_s——球壳内径，mm；

K_c、A'、C_1、C_2、λ_c——计算参数或系数；

C_3、C_4——拉杆结构形式系数，根据拉杆的结构形式按表1.6
　　　　　　选取。

表1.6　拉杆结构形式系数

系数	可调式	固定式
C_3	1.0	0.5
C_4	1.0	0

球罐自振周期应按式(1.16)计算:

$$T_1 = 2\pi \sqrt{\frac{m_{eq}}{1000K}} \tag{1.16}$$

根据球罐自振周期 T_1,结合表1.7中水平地震最大影响系数和表1.5中场地设计分组,采用图1.14中地震影响系数曲线求解地震影响系数 α(图中横坐标周期可延长至15s)。同时规范中指出,直线下降段的下降斜率调整系数 $\eta_1 = \eta_2 \dfrac{0.2^{\gamma} - 0.03}{14}$(小于0时取0),阻尼调整系数 $\eta_2 = 1 + \dfrac{0.05 - \zeta}{0.08 + 1.6\zeta}$。球罐阻尼比可取0.035。

表1.7　《石油化工钢制设备抗震设计标准》(GB/T 50761—2018)[6]
采用的水平地震影响系数最大值

地震影响	设计基本地震加速度					
	$0.05g$	$0.10g$	$0.15g$	$0.20g$	$0.30g$	$0.40g$
多遇地震	0.04	0.08	0.12	0.16	0.24	0.32
设防地震	0.12	0.23	0.34	0.45	0.68	0.90
罕遇地震	0.28	0.50	0.72	0.90	1.20	1.40

球罐总的水平地震荷载:

$$F_{ek} = \eta \alpha m_{eq} g \tag{1.17}$$

式中　η——设备重要度系数,根据表1.8选用,设备具体分类可参考《石油化工钢制设备抗震设计标准》(GB/T 50761—2018)[6]中3.3.1节。

表1.8　设备重要度系数

设备重要度类别	第一类	第二类	第三类	第四类
重要度系数	0.90	1.00	1.10	1.20

水平地震作用在上段支柱产生的总弯矩按式(1.18)计算。

$$M = F_{ek} L_1 \tag{1.18}$$

式中　L_1——球罐壳体水平中心线至拉杆与支柱中心线交点的距离,mm。

1.2.2.3 《钢制球型储罐抗震鉴定技术标准》(SY 4081—1995)

《钢制球型储罐抗震鉴定技术标准》(SY 4081—1995)[8]是由中国石油天然气总公司批准发布的一部行业规范,适用于抗震设防烈度6度至9度地区已投入运行的、设置在地表以上、支柱为正切式的球罐下部支撑结构(支柱、拉杆、地脚螺栓、基础板等)的抗震鉴定和加固。该标准中介绍,按此标准进行抗震鉴定和加固的球罐,当遭遇到本地区设防烈度的地震影响时,球罐支撑结构可能有损坏,但经一般修理或不需修理仍可继续使用,且不发生危及人身安全和环境安全的严重次生灾害。

《钢制球型储罐抗震鉴定技术标准》(SY 4081—1995)[8]中介绍球罐可在通过支柱的一个主轴方向计算水平地震作用,计算简图如图1.17所示。

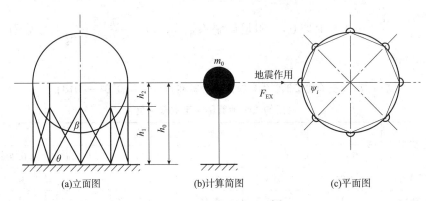

(a)立面图　　　　(b)计算简图　　　　(c)平面图

图1.17　球罐计算简图[8]

球罐的自振周期按式(1.19)计算:

$$T = 0.2 \sqrt{\frac{m_0}{1000K}} \qquad (1.19)$$

式中　m_0——球罐在操作状态下产生地震作用的等效质量,其计算方法与《石油化工钢制设备抗震设计标准》(GB/T 50761—2018)[6]一致,kg;

　　　K——球罐支撑结构在水平地震作用方向的侧移刚度,可按式(1.20)计算,N/mm。

$$K = \frac{12E_1 I}{\psi_0 h_0^3} \qquad (1.20)$$

$$\frac{1}{\psi_0} = \sum \frac{n_i}{\psi_i} \qquad (1.21)$$

$$\psi_i = 1 - \frac{(1-\psi_h)^4 (1+2\psi_h)^2}{\psi_\lambda \dfrac{I}{A_1 h_0^3} \dfrac{l}{\cos^2\theta \cos^2\varphi_i} + (1+3\psi_h)(1-\psi_h)^3} \qquad (1.22)$$

$$\psi_h = 1 - \frac{h_1}{h_0} \qquad (1.23)$$

式中　E_1——支撑结构材料弹性模量，MPa；

I——单根支柱截面惯性矩，mm^4；

ψ_0——球罐支撑结构在地震作用方向的拉杆影响系数；

n_i——与地震作用方向夹角为 ψ_i 的构架榀数；

h_0——支柱底至球罐中心的高度，mm；

h_1——支柱底至支柱与拉杆交点处的距离，mm；

l——拉杆长度，mm；

A_1——单根拉杆的截面积，mm^2；

θ——拉杆与水平面的夹角，(°)；

ψ_i——i 榀构架与地震作用方向间的夹角，(°)，可按表1.9查取；

ψ_h——拉杆高度影响系数；

ψ_λ——拉杆长细比影响系数，长细比大于150时采用6，小于等于150时采用12。

表 1.9　球罐 ψ_i 及 n_i 值

构架榀数	6		8		10		12	
ψ_i 及 n_i 架构编号	ψ_i	n_i	ψ_i	n_i	ψ_i	n_i	ψ_i	n_i
1	60°	4	67.5°	4	72°	4	75°	4
2	0°	2	22.5°	4	36°	4	45°	4
3	—	—	—	—	0°	2	15°	4

作用在球罐上的总水平地震作用标准值应按式(1.24)计算：

$$F = \alpha m_0 g \qquad (1.24)$$

式中　α——地震影响系数，需根据烈度、场地指数和球罐的基本自振周期，按图1.18采用。

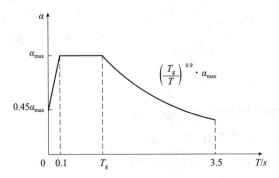

图 1.18　《钢制球型储罐抗震鉴定技术标准》
（SY 4081—1995）[8]中采用地震影响系数曲线

图 1.18 中 $\alpha_{\max}$ 为水平地震影响系数最大值，抗震验算时应按表 1.10 查取。T 为球罐自振周期，按式（1.19）计算。T_g 为场地特征周期，按式（1.25）计算。

$$T_g = 0.65 - 0.45\mu^{0.4} \tag{1.25}$$

$$\mu = \gamma_G \mu_G + \gamma_d \mu_d \tag{1.26}$$

$$\mu_G = \begin{cases} 1 - e^{-6.6(G-30)\times 10^{-3}} \\ 0 \quad G \leqslant 30\text{MPa} \end{cases} \tag{1.27}$$

$$\mu_d = \begin{cases} e^{-0.5(d-5)^2\times 10^{-3}} \\ 0 \quad d > 80\text{m} \end{cases} \tag{1.28}$$

式中　μ——场地指数；

　　　γ_G——场地土层刚度对地震效应影响的权系数，可取 0.7；

　　　γ_d——场地覆盖层厚度对地震效应影响的权系数，可取 0.3；

μ_G，μ_d——分别为场地土层的平均剪变模量和覆盖层厚度对场地指数的贡献因子；

　　　G——场地土层平均剪变模量，MPa，按式（1.29）计算；

　　　d——场地覆盖层厚度，m，可采用地表至坚硬土层（剪变模量大于 500MPa 或剪切波速大于 500m/s）表面的距离。

当场地土层的平均剪变模量大于 500MPa 或覆盖层厚度不大于 5m 时场地指数可采用 1.0。

$$G = \frac{\sum\limits_{i=1}^{n} d_i \rho_i V_{si}^2}{\sum\limits_{i=1}^{n} d_i} \times 10^{-3} \tag{1.29}$$

式中　d_i——第 i 层土的厚度，m；

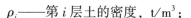

ρ_i——第 i 层土的密度，t/m^3；

V_{si}——第 i 层土的剪切波速，m/s；

n——覆盖层的分层层数。

表 1.10 水平地震影响系数最大值

抗震设防烈度	7	8	9
α_{max}	0.23	0.45	0.90

球罐总水平地震作用标准值在拉杆与支柱交点面上产生的倾覆力矩按式（1.30）计算。

$$M = \xi F h_2 \tag{1.30}$$

式中 h_2——球壳赤道线至拉杆与支柱交点处的距离，mm；

ξ——地震效应折减系数，可采用 0.45。

1.2.2.4 《石油化工钢制设备抗震鉴定标准》(GB/T 51273—2018)

《石油化工钢制设备抗震鉴定标准》(GB/T 51273—2018)适用于设置在地面上的支柱与球壳的连接为赤道正切或相割形式，支撑形式为柱式可调式拉杆和固定式拉杆结构的钢制球形储罐，所采用的地震作用效应和抗震验算方法与现行国家标准《钢制球形储罐》GB 12337 相统一。区别在于该标准有关球罐的支座（含地脚螺栓）各部件所受应力的计算公式是考虑了安全系数（许用应力值的 1.44 倍）得到的。但是耳板和翼板根据现行国家标准《钢制球形储罐》GB 12337 的规定有：材料的许用应力 $[\sigma_c] = R_{eL}/1.1$。抗震鉴定如果考虑了重要度系数和安全系数，许用应力的值可能会出现大于 R_{eL} 的情况，因此耳板和翼板所受应力以材料的屈服强度（或 0.2% 非比例延伸强度）R_{eL} 为上限。

该标准对支柱、拉杆、地脚螺栓、销子、耳板、翼板、耳板与支柱、拉杆与翼板、支柱与球壳连接焊缝在验算不满足的条件下都给出了加强措施规定，且同时规定加强措施不可过度，不能影响承压球壳的安全。

具体抗震措施如下所示：

（1）当支柱稳定验算不满足要求时，应采用贴焊型材的办法加强支柱的抗失稳能力。

（2）对拉杆式支撑的结构，当拉杆经验算不满足要求时，应采取增加拉杆直径或更换强度更高的材料的办法，也可采取增设拉杆数量的方法进行加固。

（3）当地脚螺栓验算不满足要求时，应按下列方法加强：①当增设膨胀螺栓时，可在支柱底板上直接采用膨胀螺栓埋入基础，其螺栓直径不宜小于 M16，埋入基础深度不宜小于120mm；②当在支柱与底板上补焊结构加强件时，应用膨胀螺栓将结构加强件固定在基础上。

（4）对支柱、拉杆、地脚螺栓加固补强时，应遵循满足裕量适当、不可过强的原则。

（5）当底板强度验算不满足要求时，应采用贴焊型材的办法加强底板的抗弯曲能力。

（6）当销子、耳板、翼板的强度验算不满足要求时，应采取增加销子直径、耳板、翼板厚度或更换强度更高的材料的办法进行加强。

（7）当耳板与支柱、拉杆与翼板、支柱与球壳连接焊缝的强度不满足要求时，应补焊达到焊脚高度要求，并对焊缝表面进行无损检测。

参考文献

[1]GB/T 12337—2014 钢制球形储罐[S].

[2]GB/T 17261—2011 钢制球形储罐型式与基本参数[S].

[3]许建东，林建德，曹华明，等. 石化企业地震次生火灾危险性评估与对策研究[J]. 自然灾害学报，2002，11(1)：134－140.

[4]林树潮. LNG 储罐变曲率摩擦摆隔震与罐壳结构预应力施工仿真分析[D]. 北京：北京工业大学，2016.

[5]徐英，杨一凡，朱萍，等. 球罐和大型储罐[M]. 北京：化学工业出版社，2005.

[6]GB/T 50761—2018 石油化工钢制设备抗震设计标准[S].

[7]GB 50191—2012 构筑物抗震设计规范[S].

[8]SY 4081—1995 钢制球型储罐抗震鉴定技术标准[S].

第2章 基于流体－结构耦合效应的球形储罐地震响应分析基本理论

根据第一章内容可知，目前国内相关规范仍采用等效质量法将球形储罐及卧式储罐简化为单质点体系，结合地震反应谱评估球形储罐及卧式储罐地震响应最大值。此方法的优点是通过简便的计算即可大致评估球形储罐及卧式储罐的最大地震力。但这种计算方法未考虑液体晃动的影响，过度简化了球形储罐及卧式储罐在地震作用时的动态响应，可能致使其计算结果与实际情况产生偏差。事实上，精确地评估地震引起的最大流体动态压力（包括冲击压力和对流晃动压力），是确保球罐结构安全性的关键问题[1]。本章基于势流理论和刚性罐壁假定，考虑支承系统弹性变形和流体晃动影响，根据球形储罐结构特有的边界条件推导出合理的势函数，进一步求出在地震动作用时的动液压力、储液晃动波高、支承底部剪力及倾覆弯矩表达式，最终建立便于工程应用的地震响应简化动力学模型，为球形储罐减震、隔震研究提供理论支撑。同时考虑土－储罐－流体相互作用（STLI）的影响，建立球形储罐考虑 STLI 的简化动力学模型，并通过算例分析 STLI 对球形储罐地震响应的影响。

2.1 球形储罐地震响应研究进展

2.1.1 国外研究现状

20 世纪 60 年代以来国外学者针对球形储罐动态响应、储液晃动等问题进行了较为深入的探讨。1960 年哈佛大学的 Bernard Budiansky 首次对水平激励下球形储罐液体晃动问题进行了研究[2]。Bernard Budiansky 采用积分方程法对球罐接近满罐和半罐这两种储液填充量进行了流体晃动振型和晃动频率的理论计算，文中也讨论了采用模态叠加法来处理容器－流体系统的动态响应问题，并给出了分析所需的模态参数。James D. Riley 等人[3,4]采用一种用于计算一般轴对称容器储液晃动的计算机程序研究了球形储罐不同储液高度时的流体晃动特征值，计算结果与 Bernard Budiansky[2]计算结果及 McCarty 和 Stephens 等人[5]的试验结果十分吻合。1964 年 W. H. Chu[6]提出球形容器中液体晃动的核函数与第二类格林函数有关，并通过数值方法成功地建立了该核函数。据此，论文进一步提出了重力场下流体水平和竖向振动所产生的力和力矩的简单表达式。最后以 1/4 储液填充时为例，将理论计算结果（自振频率和力响应预测值）与实验结果进行对比，两者十分接近。1989 年 P. McIver[7]采用流体线性波动理论研究了球形容器内任意储液高度时流体的晃动问题。利用特殊的坐标系统，将晃动问题表述为积分方程，并通过数值求解特征值，确定了重力场下球形容器内任意储液高度时流体的晃动频率，对后续球形储罐晃动问题的研究具有重要的参考价值。1993 年 Evans D. V. 和 Linton C. M. [8]基于势流理论，通过将流体速度势表示为满足自由液面边界条件的调和函数的线性组合。结合特定容器的边界条件计算特定容器内流体的振动频率。此方法可应用于求解球形储罐晃动频率，并以一个 50% 填充的球形容器为例进行了算例说明。

21 世纪初，Papaspyrou S.，Spyros A. Karamanos 等人首先提出了一种可计算任意外界激励下半满球形容器中液体晃动效应的数学模型。该数学模型将流体速度势以级数形式表示，其中每一项均为时间函数及空间函数的乘积。应用球面特有的边界条件获得一个耦合的非齐次常微分方程组，进而采用典型的四阶龙格－库塔积分对系统进行数值求解。所提出的数学模型能够相对准确地预测在任意外部激励下半满球形容器中液体的晃动效应[9]。而后采用直接积分法、模态分析法求解耦合的非齐次线性运动微分方程系统，进一步建立了可以计算任意储液高度时球形容器的晃动频率和等效质量的动态响应数学模型[10]，基于此，将流体的运动分解为冲击分量、对流晃动分量，进而提出了一种可用于球罐抗震设计的弹簧－质量简化力学模型[2]。2009 年 Spyros A. Karamanos 等人[11]在其研究基础上，将球形容器内流体的晃动研究拓展至轴对称容器的流体晃动问题，提出了一种求解流体晃动的有效方法。研究结果表明，仅考虑第一阶等效晃动质量即可相对准确地展现液体的动力特性。数值结果与已有的半解析解、数值解模型计算结果以及实验数据十分接近。

2013 年，Seyyed M. Hasheminejad 等人[12]研究了任意储液深度、任意侧向加速度作用下的球形容器中液体三维晃动问题。论文讨论了实际地震事件下球形容器液体的瞬态晃动响应，研究结果表明流体晃动效应对其刚性冲击响应有一定抑制作用。Matthias Wieschollek 等人[13]描述了一项关于欧洲和美国规范对圆柱形和球形压力容器的抗震性能和适用性的研究结果。根据欧洲和美国规范的建议，讨论了相关性能因素的适用性，并对不同形状、不同类型支撑的压力容器的性能因素提出了建议。2017 年 Barnyak M. Y.[14]在球面上构造了一组满足不渗透条件的调和函数，这些函数可以用作构造液体晃动边值问题的近似解函数基础。通过对满足边界条件的辅助函数在水平线区间上进行开尔文反演，得到调和函数。所构造的函数系统可应用于球罐储液晃动频率的确定。

随着计算机技术的高速发展，有限元仿真作为一种可靠的分析方法逐渐被用于球罐的地震响应研究。2008 年 Drosos G. C. 和 Dimas A. A. 等人[15]基于有限元法(FEM)，针对任意几何形状及储液高度的储罐，将流体运动分解为脉冲分量及对流晃动分量，提出了一种计算储罐固有频率及因晃动引起的壁面压力分布的公式。同时将所提出的方法应用于圆锥形储罐、球罐在刚性或柔支撑系统上的地震分析。2013 年 Oludele Adeyefa 和 Oluleke Oluwole[16]采用有限元分析方法对液化天然气球形储罐进行了地震响应时程分析。研究结果表明，在已知场地加速度谱的情况下，所提出的分析方法可以用于确定大型球形储罐的抗震稳定性。相对于保守的静态等效力计算方式，该方法的计算结果更接近实际情况。2014 年 Rixon K. L. 和 Balamurugan S.[17]利用商业设计软件 CATIA，设计了六种不同的柱支撑球模型，并采用有限元分析软件 ANSYS 分别建立了其有限元数值仿真模型。通过对这些模型进行地震分析，比较了不同模型的分析结果，确定了最佳的支撑布置，这种布置可以减弱地震对液化石油气球形容器的影响。Yang Zhirong 等人[18]同样利用有限元分析软件 ANSYS 建立了典型的球罐力学模型，通过地震激励下的时程响应分析，确定结构薄弱位置。然后，分析了支撑结构设计参数对抗震性能的影响。最后，确定了大、中、小型各种球形储罐的抗震性能，为球罐的抗震设计提供了合理的依据。

东日本大地震(2011 年 3 月 11 日)造成日本千叶县的液化石油气球形储罐支撑结构破坏，并引发了重大火灾和爆炸事故。2015 年 Takashi Ohno 等人[19]为弄清球罐支撑架管的破坏机理，对其进行了弹性和弹塑性有限元分析。根据有限元分析结果，揭示了支撑管架的破坏机理：(1)由于结构的不连续性，在长、短支撑交叉处产生高应力；(2)产生的高应力是支撑结构破坏的触发因素；(3)在主震、余震作用下，球罐支承结构长、短支撑交叉处的断裂导致球罐倾覆。为防止同类事故的发生，提出了球罐支撑的有效加固方法，以保证球罐的安全。2016 年 Tellam Chandraiah 等人[20]采用三维有限元分析方法，分析了内压和地震荷载组合作用对大型乙烷球形储罐的影响。研究结果表明，当此类压力容器承受地震荷载时支架失效的风险较大。

2017 年 Miao Nan 等人[21]建立了一种既考虑平移激励又考虑旋转激励的球罐横向大振幅晃动的等效力学模型。首次提出了液体平衡位置随等效重力变化的假设。将液体的大振幅运动分解为等效重力和附加小振幅晃动后的体积运动，给出了较好的液体大振幅晃动模拟方法。通过与传统模型和 CFD 软件计算结果的比较，验证了该模型的有效性和准确性。2018 年 SIVY Martin[22]利用有限元分析软件 ANSYS 进行了球形储罐模态分析及地震响应分析。通过有限元软件求得的球罐固有频率与解析解表现出良好的一致性。同时通过地震侧向力和倾覆弯矩的比较，可以看出一般理论计算程序在一定程度上是保守的。文章认为有限元分析法为球罐地震动响应计算和研究提供了一种简单有效的工具，可用于工业储液罐的抗震设计。

2.1.2　国内研究现状

我国关于球罐抗震的研究总体上起步较晚，且关注度不高，目前可参考的球罐地震响应研究的文献和资料相对较少，且研究手段多采用有限元数值仿真分析方法。2006 年，王永卫[23]基于有限元分析软件 ANSYS 进行了球形储罐抗震设计研究。张文涛[24]针对大型球形储罐，开展了其在风荷载、地震荷载作用下的结构安全性分析，了解了球罐结构的受力薄弱环节，为球形储罐在恶劣自然灾害环境下的安全运行提供可靠的数据参照。杨智荣等人[25]建立了球罐的有限元数值仿真模型，并对其进行模态分析和地震反应分析，在此基础上研究了球罐结构参数对其地震反应的影响。结果表明有限元数值仿真技术是进行球形储罐地震响应及抗震分析的有益手段。程凌等人[26]考虑球罐内压等荷载对其自振频率的影响，通过 ANSYS 分析软件计算出球罐在工作状态下的自振频率，同时采用谱分析法对球罐进行了抗震分析。Xiang Li 等人[27]利用有限元分析软件 ANSYS 研究了上海某化工厂球形储罐在风荷载及地震荷载作用下的动特性，获得了球罐在风荷载和地震力作用下的相对精确的应力分布，文中认为支柱与球罐连接处为结构最薄弱位置。郭龙玮等人[28]利用有限元软件，建立了典型的立柱式球罐仿真模型，并分析了球罐支撑结构设计参数对球罐抗震性能的影响。周利剑和孙铭阳等人[29,30]将子结构分析法应用于支架式球形储罐的抗震研究中。通过对支架式球形储罐的自振周期进行计算，得出最合适的全结构简化模型，并对全结构简化模型进行子结构划分，按不同方式划分并计算周期，比较分析得到最合理的划分方式。王向英等人[31]采用子空间法对球罐进行了模态分析及地震响应分析，研究结果表明考虑液固耦合作用后球罐动态响应衰减速度变快。张洋[32]通过 SPH 方法(光滑粒子流体动力学方法)与等效质量法建立球罐有限元模型，讨论了球罐考虑基础不均匀沉降时的地震动响应。

1995 年李娥[33]开展了球形储罐自振特性振动台测试，将试验数据与国内学者提出的球罐基本自振周期计算模型进行对比分析，验证了该模型的可靠性。振动台试验中球形储罐的球体、支柱由有机玻璃材料制成，与实际钢制球罐存在差异，且仅通过振动台输入正弦波扫频获得球罐的振动特性，未进行实际地震波输入下球形储罐的地震响应研究。同年，徐振贤[34]分析了球罐结构特点及震害类型，指出了当时有关球罐抗震设计规范中存在的问题，并给出了修订建议。

鉴于我国有关球罐抗震的理论研究十分匮乏的现状，为了给球罐抗震设计及其地震响应研究提供一能更加准确计算球罐地震荷载的理论模型，吕远和孙建刚等人[35,36]建立了一种考虑流体 – 球罐结构相互作用的简化力学模型，该模型可作为我国规范的一种补充计算方法为球罐的抗震设计提供理论支撑，同时可为球罐地震响应研究、减隔震的理论研究提供理论参考。本书第2.3节中详细介绍了此模型的推导和建立过程。

根据上述文献调研不难发现，目前有关球形储罐地震响应的研究多集中于其储液晃动问题，且主要采用基于势流理论的理论研究方式。国外学者针对此问题建立了各类理论计算方法及力学模型，可用于计算流体晃动特征、晃动频率以及晃动和冲击产生的动态压力等，且部分研究成果得到了试验的验证。但目前有关球形储罐整体结构体系地震响应(包括流体晃动、流体与支承结构耦合振动、罐壁惯性动态响应等)计算方法的研究相对较少，且均缺少振动台试验的验证。同时已发表的文献中鲜有关于场地土对球形储罐地震响应影响的研究。参照 SSI(土 – 结构相互作用)对建筑结构地震响应的影响，有理由相信 STLI(土 – 储罐 – 流体相互作用)对球形储罐地震动响应亦将产生一定影响。

鉴于此，笔者认为至少存在以下几个方面有待深入研究：

(1)有待于提出可用于球形储罐整体结构体系地震响应研究、抗震设计的简化动力学模型；

(2)场地土对球形储罐地震响应的影响有待深入研究；

(3)针对球形储罐结构体系地震响应进行的模拟地震振动台试验。

2.2 刚性地基下考虑流体－球罐结构耦合效应的简化动力学模型

建立水平地震激励下的简化动力学模型是球形储罐地震响应分析、减震及隔震研究的理论基础之一。寻求一种既便于计算又相对精确的简化动力学模型贯穿了球形储罐结构地震响应研究的发展史。鉴于此，本节主要介绍一种刚性地基假定下考虑流体－球罐结构相互作用的简化动力学模型。基于势流理论和刚性罐壁假定，考虑支承系统弹性变形和流体晃动影响，根据球形储罐结构特有的边界条件推导出合理的势函数，进一步求出在地震动作用时的动液压力、储液晃动波高、支承底部剪力及倾覆弯矩表达式，最终建立便于工程应用的地震响应简化动力学模型，为球形储罐减震、隔震研究提供理论支撑。

2.2.1 基本假定

储罐类结构地震响应计算最主要的问题是求解流体动态压力、液固耦合响应以及自由液面的晃动。目前应用最广泛的储罐类结构地震响应分析方法为Housner[37,]、Haroun[38]、Veletsos 和Yang[39]等人基于势流理论提出的动态响应分析方法。鉴于此，同样基于势流理论进行球形储罐地震响应简化动力学模型的建立，提出其地震响应理论分析方法。不考虑场地土的影响，将球形储罐基础假定为刚性地基，同时假定球罐内储液为无旋、无黏、不可压缩的理想流体。建立以球罐中心为原点的坐标体系，如图 2.1 所示。在

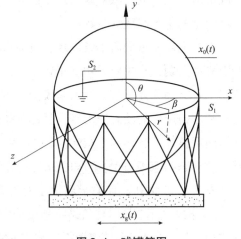

图 2.1 球罐简图

水平地震作用下储液运动速度势可分解为刚性冲击速度势和对流晃动速度势，记作
$\Phi(x, y, z, t) = \varphi_r(x, y, z, t) + \varphi_s(x, y, z, t)$，满足球域内 Laplace 方程：

$$\nabla^2 \Phi = \frac{\partial^2 \Phi}{\partial x^2} + \frac{\partial^2 \Phi}{\partial y^2} \frac{\partial^2 \Phi}{\partial z^2} = 0 \qquad (2.1)$$

通过坐标转换，由直角坐标系转换为球坐标系，可得球坐标系下的速度势方程 $\Phi(r, \theta, \beta, t) = \varphi_r(r, \theta, \beta, t) + \varphi_s(r, \theta, \beta, t)$，其中：

$$x = r\sin\theta\cos\beta \tag{2.2}$$

$$y = r\cos\theta \tag{2.3}$$

$$z = r\sin\theta\sin\beta \tag{2.4}$$

流体速度势同样满足球坐标系下的 Laplace 方程：

$$\nabla^2\Phi(r, \theta, \beta, t) = \frac{\partial^2\Phi}{\partial r^2} + \frac{2}{r}\frac{\partial\Phi}{\partial r} + \frac{1}{r^2}\frac{\partial^2\Phi}{\partial\theta^2} + \frac{\cos\theta}{r^2\sin\theta}\frac{\partial\Phi}{\partial\theta} + \frac{1}{r^2\sin^2\theta}\frac{\partial^2\Phi}{\partial\beta^2} = 0 \tag{2.5}$$

图 2.1 中 $x_g(t)$，$x_0(t)$，S_1，S_2 分别为地面水平运动，球罐罐体在地震动作用时的相对位移，储液与罐壁接触的液固耦合面以及自由液面。

地震作用时球形储罐罐壁变形通常较小，可采用刚性罐壁假定进行力学模型研究。图中 $x_0(t)$ 为支承结构变形引起的球罐罐体相对基础的位移。鉴于此，根据势流理论，地震作用时储液总速度势可分解为对流晃动速度势 $\varphi_s(r, \theta, \beta, t)$ 和刚性冲击速度势 $\varphi_r(r, \theta, \beta, t)$，记为，$\Phi(r, \theta, \beta, t) = \varphi_r(r, \theta, \beta, t) + \varphi_s(r, \theta, \beta, t)$，均满足式（2.5）中的 Laplace 方程[37]。可分别求解对流晃动速度势 $\varphi_s(r, \theta, \beta, t)$ 和刚性冲击速度势 $\varphi_r(r, \theta, \beta, t)$。

2.2.2　刚性冲击速度势

根据上述假定，刚性冲击速度势 $\varphi_r(r, \theta, \beta, t)$ 应满足 Laplace 方程和如下边界条件：

$$\varphi_r(\beta + 2\pi) = \varphi_r(\beta) \tag{2.6}$$

$$\frac{\partial\varphi_r}{\partial\beta}\Big|_{\beta=0,\pi} = 0 \tag{2.7}$$

$$\frac{\partial\varphi_r}{\partial r}\Big|_{r=R} = [\dot{x}_g(t) + \dot{x}_0(t)]\sin\theta\cos\beta \tag{2.8}$$

其中 $r = R$ 表示球罐半径，$\dot{x}_g(t)$ 为地面运动速度，$\dot{x}_0(t)$ 为罐体相对基础的运动速度。根据求解 Laplace 方程分离变量法及边界条件可求得刚性冲击速度势：

$$\varphi_r = [\dot{x}_g(t) + \dot{x}_0(t)] \cdot r \cdot \sin\theta \cdot \cos\beta \tag{2.9}$$

2.2.3　对流晃动速度势

对流晃动速度势满足如下边界条件：

$$\varphi_s(\beta + 2\pi) = \varphi_s(\beta) \tag{2.10}$$

$$\frac{\partial \varphi_s}{\partial \beta}\Big|_{\beta=0,\pi} = 0 \tag{2.11}$$

$$\frac{\partial \varphi_s}{\partial r}\Big|_{r=R} = 0 \tag{2.12}$$

根据分量变量法，对流晃动速度势的表达式可写作 $\varphi_s(r, \theta, \beta, t) = R_s(r)$ $H_s(\theta)Y_s(\beta)\dot{f}(t)$，根据 Laplace 方程可得如下三个常微分方程：

$$r^2 \cdot R_s'' + 2r \cdot R_s' - \lambda R_s = 0 \tag{2.13}$$

$$Y_s'' + \mu Y_s = 0 \tag{2.14}$$

$$\sin^2\theta \cdot H_s'' + \cos\theta \cdot \sin\theta \cdot H_s' + (\lambda\sin^2\theta - \mu)H_s = 0 \tag{2.15}$$

假设固有值 $\mu = m^2$，根据边界条件易知 $Y_s(\beta) = \cos\beta$，可知 $m = 1$；代入式 (2.15) 中，再设 $x = \cos\theta$，且记 $H_s(\theta) = \overline{H_s}(x)$，从而可得：

$$(1 - x^2)\overline{H_s}''(x) + \left(\lambda - \frac{1}{1-x^2}\right)\overline{H_s}(x) = 0 \tag{2.16}$$

式 (2.16) 为连带勒让德方程，可取 $\lambda = n(n+1)$ $(n = 0, 1, 2, 3, \cdots)$，可得式 (2.16) 的解为：

$$\overline{H_s}(x) = C_n P_n^1(x) + D_n Q_n^1(x) \tag{2.17}$$

其中 C_n，D_n 为第 n 阶常数，而又因为解的有界性可推得 $D_n = 0$ [$x = \pm 1$ 时，第二连带勒让德函数 $Q_n^1(x)$ 无界]，从而得到式 (2.16) 的解：

$$\overline{H}(x) = C_n P_n^1(x) \tag{2.18}$$

将 $\lambda = n(n+1)$ $(n = 0, 1, 2, 3, \cdots)$ 代入式 (2.13)，可得：

$$R_s(r) = E_n r^n + F_n r^{-(n+1)} \tag{2.19}$$

其中 E_n，F_n 为第 n 阶常数。又因为 $r = 0$ 时 $r^{-(n+1)}$ 无界，所以 $F_n = 0$，因此方程 (2.19) 的解为：

$$R(r) = E_n r^n \tag{2.20}$$

根据叠加原理，将此分离变量的解叠加，得到原问题的一般级数解：

$$\varphi_s(r, \theta, \beta, t) = \sum_{n=1}^{m} \dot{f}(t) r^n P_n^1(\cos\theta)\cos\beta, m = 0, 1, 2, 3, \cdots \tag{2.21}$$

在流体自由液面 S_2 上，液面的波动方程 h_v 满足：$\dfrac{\partial \Phi}{\partial t} + gh_v = 0$；$\dfrac{\partial h_v}{\partial t} = \dfrac{\partial \Phi}{\partial y}$，据此整理可得：

$$\frac{\partial^2 \Phi}{\partial t^2} + g\frac{\partial \Phi}{\partial y} = \frac{\partial^2 \varphi_r}{\partial t^2} + g\frac{\partial \varphi_r}{\partial y} + \frac{\partial^2 \varphi_s}{\partial t^2} + g\frac{\partial \varphi_s}{\partial y} = 0 \tag{2.22}$$

而由于 $\varphi_r = [\dot{x}_g(t) + \dot{x}_0(t)] \cdot r \cdot \sin\theta \cdot \cos\beta = [\dot{x}_g(t) + \dot{x}_0(t)]x$，因此 $\dfrac{\partial \varphi_r}{\partial y} = 0$。则式(2.22)可写作：

$$\frac{\partial^2 \varphi_s}{\partial t^2} + g\frac{\partial \varphi_s}{\partial y} = -\frac{\partial^2 \varphi_r}{\partial t^2} \tag{2.23}$$

将速度势方程(2.9)、(2.21)代入式(2.23)可得：

$$\frac{1}{g}\sum_{n=1}^{m}\dddot{f}_n(t)r^n P_n^1(\cos\theta)\sum_{n=1}^{m}\dot{f}(t)nr^{n-1}P_n^1(\cos\theta)\cos\theta$$

$$-\sum_{n=1}^{m}\dot{f}_n(t)r^{n-1}[P_n^1(\cos\theta)]'\sin\theta = [\ddot{x}_g(t) + \ddot{x}_0(t)]\frac{r \cdot \sin\theta}{g} \tag{2.24}$$

将式(2.24)两边同时乘以调和函数 $\varphi^*(r,\theta)$，并在自由液面 S_2 内积分，可得如下方程：

$$\int_0^{2\pi}\int_0^{R\sin\theta_1}\varphi^*(r,\theta)\left(\frac{1}{g}\sum_{n=1}^{m}\dddot{f}_n(t)r^n P_n^1(\cos\theta)\atop + \sum_{n=1}^{m}\dot{f}_n(t)nr^{n-1}P_n^1(\cos\theta)\cos\theta\right)r\mathrm{d}r\mathrm{d}\beta$$

$$+ \int_0^{2\pi}\int_0^{R\sin\theta_1}\varphi^*(r,\theta)\sum_{n=1}^{m}\dot{f}_n(t)r^{n-1}[P_n^1(\cos\theta)]'\sin\theta\varphi^*(r,\theta)r\mathrm{d}r\mathrm{d}\beta \tag{2.25}$$

$$= \int_0^{2\pi}\int_0^{R\sin\theta_1}[\ddot{x}_g(t) + \ddot{x}_0(t)]\varphi^*(r,\theta)\frac{r \cdot \sin\theta}{g}r\mathrm{d}r\mathrm{d}\beta$$

其中：$\theta_1 = \arccos\left(\dfrac{H-R}{R}\right)$；且在自由液面 S_2 上存在 $r = \dfrac{H-R}{\cos\theta}$，$H$ 为储液高度；所以式(2.25)可以转换为：

$$2\pi\int_0^{\theta_1}\left(\frac{1}{g}\sum_{n=1}^{m}\dddot{f}_n(t)\frac{(H-R)^n}{\cos^n\theta}P_n^1(\cos\theta)\atop + \sum_{n=1}^{m}\dot{f}_n(t)n\frac{(H-R)^{n-1}}{\cos^{n-2}\theta}P_n^1(\cos\theta)\right)\varphi^*\left(\frac{H-R}{\cos\theta},\theta\right)\frac{(H-R)^2\sin\theta}{\cos^3\theta}\mathrm{d}\theta$$

$$+ 2\pi\int_0^{\theta_1}\varphi^*\left(\frac{H-R}{\cos\theta},\theta\right)\sum_{n=1}^{m}\dot{f}_n(t)\frac{(H-R)^{n+1}\sin^2\theta}{\cos^{n+2}\theta}[P_n^1(\cos\theta)]'\mathrm{d}\theta \tag{2.26}$$

$$= 2\pi\int_0^{\theta_1}[\ddot{x}_g(t) + \ddot{x}_0(t)]\varphi^*\left(\frac{H-R}{\cos\theta},\theta\right)\frac{\sin^2\theta}{g}\frac{(H-R)^3}{\cos^4\theta}\mathrm{d}\theta$$

同时根据边界条件(2.12)可得：

$$\sum_{n=1}^{m}\dot{f}_n(t)nR^{n-1}P_n^1(\cos\theta)\cos\theta = 0 \tag{2.27}$$

式(2.27)在储液与罐壁耦合面 $S_1(r=R)$ 上均满足，可根据叠加原理，将其两边同时乘以调和函数 $\varphi^*(r,\theta)$，并在 S_1 内积分可以得到如下方程：

$$\int_0^{2\pi}\int_0^{\theta_1}\varphi^*(R,\theta)\sum_{n=1}^{m}\dot{f}_n(t)nR^{n-1}P_n^1(\cos\theta)\cos\theta R^2\sin\theta\mathrm{d}\theta\mathrm{d}\beta=0 \qquad (2.28)$$

将式(2.26)与式(2.28)相加可得：

$$\int_0^{\theta_1}\varphi^*\boldsymbol{N}_1^{\mathrm{T}}\ddot{\boldsymbol{f}}\mathrm{d}\theta+\int_0^{\theta_1}\varphi^*(\boldsymbol{N}_2^{\mathrm{T}}-\boldsymbol{N}_3^{\mathrm{T}}+\boldsymbol{N}_4^{\mathrm{T}})\boldsymbol{f}\mathrm{d}\theta$$

$$=\int_0^{\theta_1}\varphi^*[\ddot{x}_g(t)+\ddot{x}_0(t)]\frac{(H-R)^3}{\cos^4\theta}\frac{\sin^2\theta}{g}\mathrm{d}\theta \qquad (2.29)$$

其中：

$$\boldsymbol{N}_1=\left\{\frac{(H-R)^{n+2}\sin\theta}{g\cos^{n+3}\theta}P_n^1(\cos\theta)\right\}_m \qquad (2.30)$$

$$\boldsymbol{N}_2=\left\{n\frac{(H-R)^{n+1}\sin\theta}{\cos^{n+1}\theta}P_n^1(\cos\theta)\right\}_m \qquad (2.31)$$

$$\boldsymbol{N}_3=\left\{\frac{(H-R)^{n+1}\sin^2\theta}{\cos^{n+2}\theta}(P_n^1(\cos\theta))'\right\}_m \qquad (2.32)$$

$$\boldsymbol{N}_4=\{nR^{n+1}P_n^1(\cos\theta)\cos\theta\sin\theta\}_m \qquad (2.33)$$

$$\boldsymbol{f}=\{f_n(t)\}_m \qquad (2.34)$$

根据 Galerkin 离散化原则，调和函数 $\varphi^*(r,\theta)$ 可离散为一个 m 阶列向量 $\varphi^*(r,\theta)=\sum_{l=1}^{m}r^lP_l^1(\cos\theta)$，记做 $\boldsymbol{P}=\{r^lP_l^1\}_m$，则式(2.29)可以写为：

$$\boldsymbol{M}\ddot{\boldsymbol{f}}+\boldsymbol{K}\boldsymbol{f}=-\chi[\ddot{x}_g(t)+\ddot{x}_0(t)] \qquad (2.35)$$

其中：

$$\boldsymbol{M}=\boldsymbol{P}\boldsymbol{N}_1^{\mathrm{T}} \qquad (2.36)$$

$$\boldsymbol{K}=\boldsymbol{P}(\boldsymbol{N}_2^{\mathrm{T}}-\boldsymbol{N}_3^{\mathrm{T}}+\boldsymbol{N}_4^{\mathrm{T}}) \qquad (2.37)$$

$$\chi=\boldsymbol{P}\frac{(H-R)^3}{\cos^4\theta}\frac{\sin^2\theta}{g} \qquad (2.38)$$

同时可设

$$\alpha=\cos\theta,\ c=\cos\theta_1=\begin{cases}\dfrac{R-H}{R} & H<R\\[3mm]\dfrac{H-R}{R} & H>R\end{cases} \qquad (2.39)$$

分储液高度大于储罐半径和储液高度小于储罐半径两种情况考虑，则矩阵 $\boldsymbol{M}$，$\boldsymbol{K}$，χ 的第 n 行、第 l 列的元素分别为：

$$M_{nl} = \begin{cases} \dfrac{2\pi (Rc)^{n+l+2}}{g} \displaystyle\int_c^1 \dfrac{P_l^1(a) P_n^1(a)}{a^{n+l+3}} \mathrm{d}a & H < R \\[3mm] \dfrac{2\pi (Rc)^{n+l+2}}{g} \displaystyle\int_c^1 \dfrac{P_l^1(a) P_n^1(a)}{a^{n+l+3}} \mathrm{d}a & H > R \end{cases} \tag{2.40}$$

$$K_{nl} = \begin{cases} -2\pi n (Rc)^{l+n+1} \displaystyle\int_c^1 \dfrac{P_l^1(a) P_n^1(a)}{a^{l+n+1}} \mathrm{d}a - 2\pi (Rc)^{l+n+1} \displaystyle\int_c^1 \dfrac{P_l^1(a) P_n^{1'}(a)}{a^{l+n+2}} (1-a^2) \mathrm{d}a \\[3mm] 2\pi n (Rc)^{l+n+1} \displaystyle\int_c^1 \dfrac{P_l^1(a) P_n^1(a)}{a^{l+n+1}} \mathrm{d}a + 2\pi (Rc)^{l+n+1} \displaystyle\int_c^1 \dfrac{P_l^1(a) P_n^{1'}(a)}{a^{l+n+2}} (1-a^2) \mathrm{d}a \end{cases}$$

$$+ \begin{cases} 2\pi n R^{n+l+1} \displaystyle\int_c^1 P_l^1(a) P_n^1(a) \mathrm{d}a & H < R \\[3mm] 2\pi n R^{n+l+1} \displaystyle\int_{-1}^c P_l^1(a) P_n^1(a) \mathrm{d}a & H > R \end{cases} \tag{2.41}$$

$$\chi_{nl} = \begin{cases} \dfrac{2\pi (Rc)^{l+3}}{g} \displaystyle\int_c^1 \dfrac{P_l^1(a) \sqrt{1-a^2}}{a^{l+4}} \mathrm{d}a & H < R \\[3mm] \dfrac{2\pi (Rc)^{l+3}}{g} \displaystyle\int_c^1 \dfrac{P_l^1(a) \sqrt{1-a^2}}{a^{l+4}} \mathrm{d}a & H > R \end{cases} \tag{2.42}$$

参照结构动力学振型叠加原理,可将式(2.35)看作是耦合在一起的 m 阶线性无阻尼运动控制方程。可依据结构动力学振型叠加法对其进行解耦:

$$(K - \omega_n^2 M) \Psi_n = 0 \tag{2.43}$$

其中,ω_n 为第 n 阶晃动频率,Ψ_n 为对应的 n 阶晃动振型。根据上述内容可知,式(2.35)为 m 阶矩阵方程,其中 $m = 1, 2, 3, 4, \cdots$,m 取值不同时,结果精度会产生差异;据此式(2.35)可以转化为 m 个非耦合的方程:

$$m_i \ddot{q}_i(t) + k_i q_i(t) = -(\ddot{x}_g(t) + \ddot{x}_0(t)) \tag{2.44}$$

其中:

$$m_i = \frac{\Psi_i^{\mathrm{T}} M \Psi_i}{\mu_i}, k_i = \frac{\Psi_i^{\mathrm{T}} K \Psi_i}{\mu_i}, \mu_i = \Psi_i^{\mathrm{T}} \chi, f = \sum_{i=i}^m \Psi_i q_i \tag{2.45}$$

可将式(2.44)转化为:

$$\ddot{x}_{ci}(t) + \omega_i^2 x_{ci}(t) = -(\ddot{x}_g(t) + \ddot{x}_0(t)) \tag{2.46}$$

其中:

$$x_{ci}(t) = m_i q_i(t), \quad \omega_i^2 = \frac{\Psi_i^{\mathrm{T}} K \Psi_i}{\Psi_i^{\mathrm{T}} M \Psi_i} \tag{2.47}$$

式(2.46)为晃动分量无阻尼运动方程,有阻尼运动方程如式(2.48)所示:

$$\ddot{x}_{ci}(t) + 2\xi \omega_i \dot{x}_{ci}(t) + \omega_i^2 x_{ci}(t) = -(\ddot{x}_g(t) + \ddot{x}_0(t)) \tag{2.48}$$

由于储液晃动以第一阶振型为主[28]，所以只以 $i = 1$ 时为主要研究对象，记 $x_{c1}(t) = x_c(t)$。根据式(2.44)~式(2.47)可得储液晃动速度势为：

$$\varphi_s(r, \theta, \beta, t) = \dot{x}_c(t) \frac{\boldsymbol{\Psi}_1^T \boldsymbol{N}}{m_1} \cos\beta \tag{2.49}$$

2.2.4 简化动力学模型的建立

根据式(2.9)、式(2.49)可得水平地震作用下储液总速度势：

$$\boldsymbol{\Phi} = [\dot{x}_g(t) + \dot{x}_0(t)] \cdot r \cdot \sin\theta \cdot \cos\beta + \dot{x}_0(t) \frac{\boldsymbol{\Psi}_1^T \boldsymbol{N}}{m_1} \cos\beta \tag{2.50}$$

据此可求得自由液面波动方程以及流体作用于罐壁的动态压力表达式：

$$h_v = -\frac{1}{g} \frac{\partial \boldsymbol{\Phi}}{\partial t}, \quad \in S_2 \tag{2.51}$$

$$P(R, \theta, \beta, t) = -\rho \frac{\partial \boldsymbol{\Phi}}{\partial t}, \quad \in S_1 \tag{2.52}$$

式中，ρ 为流体密度。通过将作用于罐壁上的流体动态压力在液固耦合面 S_1 积分，可得由动态水压力产生的水平方向基底剪力表达式：

$$
\begin{aligned}
Q_1(t) &= -\rho \int_{S_1} \frac{\partial \boldsymbol{\Phi}}{\partial t} \sin\theta \cos\beta \mathrm{d}s \\
&= -m_r [\ddot{x}_g(t) + \ddot{x}_0(t)] - m_c [\ddot{x}_g(t) + \ddot{x}_0(t) + \ddot{x}_c(t)]
\end{aligned} \tag{2.53}
$$

其中：$m_c = \dfrac{\rho \pi R^2}{m_1} \int_{-1}^{c} \boldsymbol{\Psi}_1^T \boldsymbol{N} (1 - a^2)^{\frac{1}{2}} \mathrm{d}a$，为对流晃动分量等效质量；$m_r = M_L - m_c$，为刚性冲击分量等效质量；$M_L = \dfrac{\pi \rho R^3}{3} \left[3 \left(\dfrac{H}{R} \right)^2 - \left(\dfrac{H}{R} \right)^3 \right]$，为储液总质量。

采用类似的方法，整理后可得由流体动态压力而产生的作用于支柱底部的倾覆弯矩表达式：

$$
\begin{aligned}
M_1(t) &= -\rho \int_{S_1} \frac{\partial \boldsymbol{\Phi}}{\partial t} [R(1 + \cos\theta) + h] \sin\theta \cos\beta \mathrm{d}s \\
&= -m_r h_0 (\ddot{x}_g(t) + \ddot{x}_0(t)) - m_c h_c (\ddot{x}_g(t) + \ddot{x}_0(t) + \ddot{x}_c(t))
\end{aligned} \tag{2.54}
$$

h_0，h_c 分别为刚性冲击分量等效高度以及对流晃动分量等效高度，整理后分别表示为：

$$h_0 = h + R + \frac{M_L R \dfrac{3(1 - c^2)^2}{4c^3 - 12c - 8} - \left[\rho \pi R^3 \int_{-1}^{c} \dfrac{\boldsymbol{\Psi}_1^T \boldsymbol{N}}{m_1} (1 - a^2)^{\frac{1}{2}} a \mathrm{d}a \right]}{m_r} \tag{2.55}$$

$$h_{\mathrm{c}} = h + R + \frac{\rho\pi R^3 \int_{-1}^{c} \dfrac{\boldsymbol{\Psi}_1^{\mathrm{T}} \boldsymbol{N}}{m_1}(1 - a^2)^{\frac{1}{2}} a \mathrm{d}a}{m_{\mathrm{c}}} \tag{2.56}$$

其中：$c = \cos\theta_1 = \dfrac{H - R}{R}$，$h$ 为球罐底部距离柱底的距离。

由上述可知，晃动波高、动液压力、基底剪力及倾覆弯矩主要受 $e = \dfrac{\boldsymbol{\Psi}_1^{\mathrm{T}} \boldsymbol{N}}{m_1}$、晃动分量系数 $s = m_{\mathrm{c}}/M_{\mathrm{L}}$、刚性分量等效高度 h_0、晃动分量等效高度 h_{c} 及晃动频率 ω 等参数的影响，而这些参数均为储液高度 H、储罐半径 R 的因变量，因此记 $x = H/R$，$0 < x < 2$。根据上述推导过程可知随着 x 的变化，很难得出各参数随储液高度变化时的解析解，只能够得到一系列数值解，且截断数 m 取值不同时结果精度会产生差异，因此研究截断数 m 不同时各参数值的变化，选取球罐半径 $R = 6.15\mathrm{m}$ 进行算例分析，计算结果如图 2.2 所示。

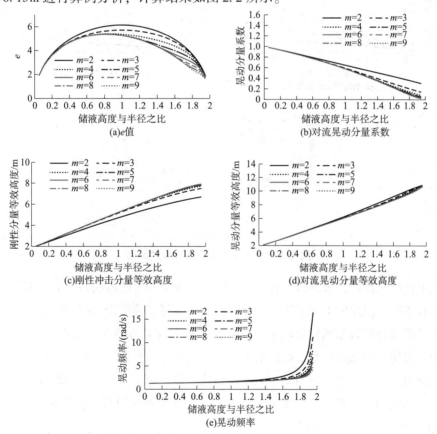

图2.2　不同截断数 m 时各参数曲线

由图 2.2 可知，随着截断数 m 的增大，各参数曲线趋近于某一值。当 $m \geqslant 8$ 时各参数数值变化已十分微弱，基本满足计算精度要求，因此可取截断数 $m = 9$。由于上述各参数也受储罐半径 R 的影响，因此研究不同储罐半径时各参数的变化情况，计算结果如图 2.3 所示。

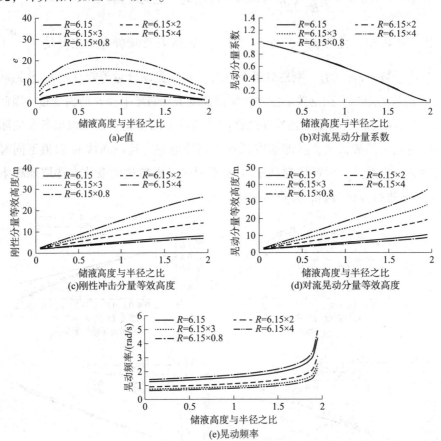

图 2.3 不同储罐半径时各参数曲线

上述已经提到，很难得出各参数随储液高度变化时的解析解，只能够得出一系列数值解，因此为了便于工程设计应用，可将各参数值进行拟合，得出近似解析解。通过分析数据我们发现 e 大致可表述为 $e = \xi R$ 的形式，如式（2.57）所示，其中 ξ 为随 x 变化的系数，通过数值拟合可得 ξ 的表达式。对流晃动分量系数 s 与储罐绝对半径无关，仅与 x 相关，通过数值拟合可得对流晃动分量系数 s 的表达式，如式（2.58）所示。对流晃动分量等效高度和刚性冲击分量等效高度近似存在 $\dfrac{(h_{c1} - h)}{(h_{c2} - h)} = \dfrac{R_2}{R_1}$，$\dfrac{(h_{01} - h)}{(h_{02} - h)} = \dfrac{R_2}{R_1}$ 的等式关系，等效高度可写为 $h_c = h'_c \times 2R + h$，

$h_0 = h_0' \times 2R + h$，其中 h_c'，h_0' 分别是随 x 变化的系数，通过数值拟合可得两个分量等效高度的计算公式，如式(2.59)和式(2.60)所示。晃动频率随着 R 的增大逐渐减小，通过数值对比存在 $\dfrac{\omega_1}{\omega_2} = \sqrt{\dfrac{R_2}{R_1}}$ 的等式关系，所以晃动频率可以写作 $\omega = \lambda\sqrt{\dfrac{g}{R}}$，$\lambda$ 为随 x 变化的系数，同样通过数值拟合可得晃动频率的计算公式，如式(2.61)所示。

$$e = \begin{bmatrix} 1.146\sin(1.725x - 0.1869) + 0.3643\sin(3.3312x + 0.9975) + \\ 0.9733\sin(6.415x + 0.5977) + 0.9111\sin(6.506x + 3.645) \end{bmatrix} R \quad (2.57)$$

$$s = 0.5179 + 0.5381\cos(1.377x) - 0.07268\sin(1.377x)$$
$$- 0.05957\cos(2.754x) - 0.06412\sin(2.754x) \quad (2.58)$$

$$h_c = (0.03501x^5 - 0.1493x^4 + 0.232x^3 - 0.147x^2 + 0.372x - 0.002425)2R + h \quad (2.59)$$

$$h_0 = (-0.01376x^5 + 0.05026x^4 - 0.06686x^3 + 0.03077x^2 + 0.2748x - 0.0007257)2R + h \quad (2.60)$$

$$\omega = \lambda\sqrt{\frac{g}{R}} = \frac{-83.31x + 168.3}{x^5 - 3.571x^4 + 6.699x^3 + 5.69x^2 - 109.9x + 168.1}\sqrt{\frac{g}{R}} \quad (2.61)$$

近似解析解极大地简化了各参数的计算过程，为理论分析方法的工程应用提供了可能。

地震作用时，支柱底部总剪力和总弯矩还应包含由球罐罐体、支承质量、球罐配件等产生的剪力和弯矩。将球形储罐的罐体、支承等简化为一个等效集中质量点 m_s，地震作用时集中质量 m_s 对应的相对位移为 $x_0(t)$，据此可得由于其惯性作用而产生的基底剪力为：

$$Q_2(t) = -m_s[\ddot{x}_g(t) + \ddot{x}_0(t)] \quad (2.62)$$

式中　$m_s = m_1 + 0.5m_2 + m_3 + m_4$；

　　　　m_1——球壳质量；

　　　　m_2——支柱和拉杆质量；

　　　　m_3——保温层质量；

　　　　m_4——球罐其他附件质量，包括各开口，喷淋装置，梯子和平台等。

则水平地震 $x_g(t)$ 作用下总的基底剪力表达式为：

$$Q(t) = Q_1 + Q_2 = -(m_r + m_s)[\ddot{x}_g(t) + \ddot{x}_0(t)] - m_c[\ddot{x}_g(t) + \ddot{x}_0(t) + \ddot{x}_c(t)]$$

$$(2.63)$$

由罐体、支承体系及附件等产生的基底弯矩表达式为：

$$M_2 = (-m_1h_1 - 0.5m_2h_2 - m_3h_3 - m_4h_4)[\ddot{x}_g(t) + \ddot{x}_0(t)] \tag{2.64}$$

式中　h_1——球壳集中质量等效高度；

　　　h_2——支承质量等效高度；

　　　h_3——保温层质量等效高度；

　　　h_4——各附件等效高度，根据不同球罐结构形式，表示多种附件对应的等
　　　　　效高度。

球壳集中质量等效高度 $h_1 = h + R$，为球罐圆心处。根据支承结构简化原则，将 1/2 支柱和拉杆质量集中于支承顶部，因此 $h_2 = h + R$；保温层质量等效高度推导类似于球壳，也存在 $h_3 = h + R$；对于石油化工中的球形储罐来说，球罐附件质量(各开口，喷淋装置，梯子和平台等)相对于罐内液体质量及球壳质量等对总基底弯矩的贡献较小，因此为简化计算，可假设 $h_4 = h + R$，所以由罐体、支承体系及附件等产生的基底弯矩表达式可写为：

$$M_2(t) = -m_s[\ddot{x}_g(t) + \ddot{x}_0(t)](h + R) \tag{2.65}$$

则水平地震 $x_g(t)$ 作用下总的倾覆弯矩表达式为：

$$M(t) = M_1 + M_2$$
$$= m_r[\ddot{x}_g(t) + \ddot{x}_0(t)]h_0 + m_c[\ddot{x}_g(t) + \ddot{x}_0(t) + \ddot{x}_c(t)]h_c + m_s[\ddot{x}_g(t) + \ddot{x}_0(t)](h + R) \tag{2.66}$$

根据式(2.63)、式(2.66)可以建立球形储罐考虑储液晃动时的简化动力学模型，如图 2.4 所示。

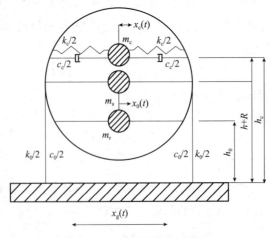

图 2.4　球罐简化动力学模型

图 2.4 中 k_c，c_c 分别为对流晃动分量等效刚度系数和阻尼系数，表达式如式（2.67）所示。

$$k_c = m_c \omega^2, \quad c_c = 2\xi\omega m_c \tag{2.67}$$

式中　ω——晃动频率；

　　　　ξ——晃动分量阻尼比，通常取 0.005。

k_0，c_0 分别为球形储罐支承系统的等效刚度系数和阻尼系数，具体计算公式可参考《石油化工钢制设备抗震设计标准》（GB/T 50761—2018）[40]、《构筑物抗震设计规范》（GB 50191—2012）[41] 或《钢制球形储罐》（GB/T 12337—2014）[42] 中的相关规定。三部规范中计算方式各不相同，其刚度参数及阻尼参数计算结果会影响最终动态响应的计算。

由 Hamilton 原理，简化动力学模型中能量平衡等式如式（2.68）所示。

$$\delta \int_{t_1}^{t_2} (T - V)\,\mathrm{d}t + \int_{t_1}^{t_2} \delta W \mathrm{d}t = 0 \tag{2.68}$$

式中　T，V——分别为系统的动能和势能；

　　　　W——非保守力做的功。

由式（2.68）可得简化动力学模型的运动控制方程为：

$$\begin{bmatrix} m_c & m_c \\ m_c & m_c + m_r + m_s \end{bmatrix} \begin{Bmatrix} \ddot{x}_c(t) \\ \ddot{x}_0(t) \end{Bmatrix} + \begin{bmatrix} c_c & \\ & c_0 \end{bmatrix} \begin{Bmatrix} \dot{x}_c(t) \\ \dot{x}_0(t) \end{Bmatrix} + \begin{bmatrix} k_c & \\ & k_0 \end{bmatrix} \begin{Bmatrix} x_c(t) \\ x_0(t) \end{Bmatrix}$$

$$= -\begin{Bmatrix} m_c \\ m_c + m_r + m_s \end{Bmatrix} \ddot{x}_g(t) \tag{2.69}$$

通过 Newmark-β 时程分析法或 Wiloson-θ 时程分析法等数值分析方法求解式（2.69），便可求得球形储罐的地震响应。

2.3　考虑场地土–储罐–流体耦合效应的球形储罐简化动力学模型

目前球形储罐地震响应理论分析方法大多假定地面为刚性地基，即不考虑场地土对其地震响应的影响。而在实际工程中，结构在地震作用下，储液、罐体、地基和地面等作为一个整体系统随地震波一起运动，场地土与结构的相互作用对结构体系的地震动响应以及减震、隔震措施的减震效率可能会产生较大的影响[43-48]。因此本节采用场地土简化分析方法，建立了球形储罐考虑场地土–储

罐 – 流体相互作用(STLI)的简化动力学模型。首先介绍场地土的简化模型。

2.3.1　场地土简化模型

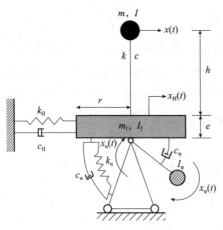

图 2.5　土 – 结构力学模型

文献[49-51]中介绍可将场地土简化为如图 2.5 所示的 3DOF 的力学模型，包括水平平动 DOF$x_H(t)$，摆动 DOF$x_\alpha(t)$ 以及附加 DOF$x_\varphi(t)$。

图 2.5 中 m_f，I_f 中为结构基础的质量和质量惯性矩；r，e 分别为结构基础的半径和埋置深度；水平平动刚度系数 k_H 和阻尼系数 c_H 的计算公式为：

$$k_H = \frac{8\rho v_s^2 r}{2-\nu}\left(1 + \frac{e}{r}\right) \quad (2.70)$$

$$c_H = \frac{r}{v_s}\left(0.68 + 0.57\sqrt{\frac{e}{r}}\right)k_H \quad (2.71)$$

摆动的转动刚度系数 k_α 和阻尼系数 c_α 的计算公式为：

$$k_\alpha = \frac{8\rho v_s^2 r^3}{3(1-\nu)}\left[1 + 2.3\frac{e}{r} + 0.58\left(\frac{e}{r}\right)^3\right] \quad (2.72)$$

$$c_\alpha = \frac{r}{v_s}\left[0.15631\frac{e}{r} - 0.08906\left(\frac{e}{r}\right)^2 - 0.00874\left(\frac{e}{r}\right)^3\right]k_H \quad (2.73)$$

附加的自由度包括质量惯性矩 I_φ 和阻尼参数 c_φ：

$$c_\varphi = \frac{r}{v_s}\left[0.4 + 0.03\left(\frac{e}{r}\right)^2\right]k_\alpha \quad (2.74)$$

$$I_\varphi = \left(\frac{r}{v_s}\right)^2\left[0.33 + 0.1\left(\frac{e}{r}\right)^2\right]k_\alpha \quad (2.75)$$

上述公式中 ρ 为土的密度；ν 为土的泊松比；v_s 为场地土的等效剪切波速。

2.3.2　基于 STLI 的球形储罐简化力学模型

将图 2.5 中的场地土模型与其上部球形储罐结合，构成图 2.6 中球形储罐考虑 STLI 效应的力学体系。假定球罐内储液为无旋、无黏、不可压缩的理想流体。根据势流理论，地震作用时储液总速度势同样可分解为对流晃动速度势 $\varphi_s(r, \theta, \beta, t)$ 和刚性冲击速度势 $\varphi_r(r, \theta, \beta, t)$，记为 $\Phi(r, \theta, \beta, t) = \varphi_r(r, \theta, \beta, t)$

$+\varphi_s(r,\theta,\beta,t)$，均满足式（2.5）中的 Laplace 方程[37]。可分别求解对流晃动速度势 $\varphi_s(r,\theta,\beta,t)$ 和刚性冲击速度势 $\varphi_r(r,\theta,\beta,t)$。

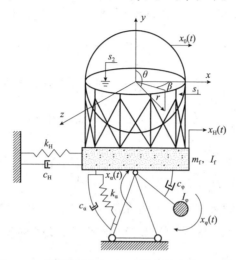

图2.6　球形储罐考虑 STLI 效应的力学分析模型

2.3.2.1　刚性冲击速度势

考虑 STLI 效应后，刚性冲击速度势的边界条件为：

$$\varphi_r(\beta+2\pi)=\varphi_r(\beta) \tag{2.76}$$

$$\frac{\partial\varphi_r}{\partial\beta}\Big|_{\beta=0,\pi}=0 \tag{2.77}$$

$$\frac{\partial\varphi_r}{\partial r}\Big|_{r=R}=\big[\dot{x}_g(t)+\dot{x}_0(t)+\dot{x}_H(t)+(h+R+y)\dot{\alpha}(t)\big]\sin\theta\cos\beta \tag{2.78}$$

根据求解 Laplace 方程分离变量法及边界条件可得出刚性冲击速度势：

$$\varphi_r=\big[\dot{x}_g(t)+\dot{x}_0(t)+\dot{x}_H(t)+(h+R+y)\dot{\alpha}(t)\big]\cdot r\cdot\sin\theta\cdot\cos\beta \tag{2.79}$$

2.3.2.2　对流晃动速度势

对流晃动速度势同样满足式（2.76）~式（2.78）中边界条件。采用 2.2 节中的求解方法可得到对流晃动速度势的一般级数解，如式（2.21）所示。储液自由液面的波动方程满足 $\dfrac{\partial\Phi}{\partial t}+gh_v=0$；$\dfrac{\partial h_v}{\partial t}=\dfrac{\partial\Phi}{\partial y}$，整理后可得：

$$\frac{\partial^2\Phi}{\partial t^2}+g\frac{\partial\Phi}{\partial y}=\frac{\partial^2\varphi_r}{\partial t^2}+g\frac{\partial\varphi_r}{\partial y}+\frac{\partial^2\varphi_s}{\partial t^2}+g\frac{\partial\varphi_s}{\partial y}=0 \tag{2.80}$$

而因为考虑 STLI 效应后 $\dfrac{\partial\varphi_r}{\partial y}=\dot{\alpha}(t)r\sin\theta\cos\beta$，代入式（2.80）可得：

$$\frac{\partial^2 \varphi_s}{\partial t^2} + g \frac{\partial \varphi_s}{\partial y} = -\frac{\partial^2 \varphi_r}{\partial t^2} - g\dot{\alpha}(t) r \sin\theta\cos\beta \tag{2.81}$$

将式(2.79)以及式(2.21)代入式(2.81)，在等式两边同时乘以调和函数 $\varphi^*\left(\frac{H-R}{\cos\theta}, \theta\right)$，并在 S_2 内积分，可以得到如下方程：

$$2\pi \int_0^{\theta_1} \left(\frac{1}{g} \sum_{n=1}^m \ddot{f}_n(t) \frac{(H-R)^n}{\cos^n\theta} P_n^1(\cos\theta) + \sum_{n=1}^m \dot{f}_n(t) n \frac{(H-R)^{n-1}}{\cos^{n-2}\theta} P_n^1(\cos\theta) \right) \varphi^* \frac{(H-R)^2 \sin\theta}{\cos^3\theta} d\theta$$

$$- 2\pi \int_0^{\theta_1} \varphi^* \sum_{n=1}^m \dot{f}_n(t) \frac{(H-R)^{n+1}\sin^2\theta}{\cos^{n+2}\theta} [P_n^1(\cos\theta)]' d\theta$$

$$= 2\pi \int_0^{\theta_1} \left\{ \begin{bmatrix} \ddot{x}_g(t) + \ddot{x}_0(t) + \ddot{x}_H(t) \\ + (h+H)\ddot{\alpha}(t) \end{bmatrix} + g\dot{\alpha}(t) \right\} \varphi^* \frac{\sin^2\theta}{g} \frac{(H-R)^3}{\cos^4\theta} d\theta \tag{2.82}$$

由于对流晃动速度势同样满足边界条件[式(2.78)]，参照2.2节中的推导可得式(2.28)。将式(2.28)与式(2.82)相加，并变换为矩阵形式的表达方式，可得：

$$M\ddot{f} + Kf = -\chi\{[\ddot{x}_g(t) + \ddot{x}_0(t) + \ddot{x}_H(t) + (h+H)\ddot{\alpha}(t)] + g\alpha(t)\} \tag{2.83}$$

不难发现式(2.83)中 M，K，χ 与第2.2节中取值一致，说明晃动速度势并不受 STLI 效应的影响。因此可知考虑 STLI 效应后对流晃动速度势的表达式与式(2.49)一致：

$$\varphi_s(r, \theta, \beta, t) = \dot{x}_c(t) \frac{\boldsymbol{\Psi}_1^T N}{m_1} \cos\beta \tag{2.84}$$

2.3.2.3　简化力学模型

根据式(2.79)、式(2.84)，可得球形储罐考虑 STLI 效应的储液总速度势为：

$$\Phi = [\dot{x}_g(t) + \dot{x}_0(t) + \dot{x}_H(t) + (h+R+y)\dot{\alpha}(t)] \cdot r \cdot \sin\theta \cdot \cos\beta + \dot{x}_c(t) \frac{\boldsymbol{\Psi}_1^T N}{m_1}\cos\beta \tag{2.85}$$

根据式(2.51)与式(2.52)可求得自由液面波动方程以及流体作用于罐壁的动态压力表达式：

$$h_v = -\frac{1}{g} \left(\begin{array}{l} [\ddot{x}_g(t) + \ddot{x}_0(t) + \ddot{x}_H(t) + (h+R+y)\ddot{\alpha}(t)] \cdot r \cdot \sin\theta \cdot \cos\beta \\ + \ddot{x}_c(t) \frac{\boldsymbol{\Psi}_1^T N}{m_1}\cos\beta \end{array} \right), \in S_2 \tag{2.86}$$

$$P(r, \theta, \beta, t) = -\rho \left(\begin{array}{l} [\ddot{x}_g(t) + \ddot{x}_0(t) + \ddot{x}_H(t) + (h+R+y)\ddot{\alpha}(t)] \cdot R \cdot \sin\theta \cdot \cos\beta \\ + \ddot{x}_c(t) \dfrac{\boldsymbol{\Psi}_1^{\mathrm{T}} N}{m_1} \cos\beta \end{array} \right), \in S_1$$

$$\tag{2.87}$$

则由储液运动产生的水平方向基底剪力为：

$$\begin{aligned}
Q_1(t) &= -\rho \int_{S_1} \frac{\partial \Phi}{\partial t} \sin\theta \cos\beta \mathrm{d}s \\
&= -M_L(\ddot{x}_g(t) + \ddot{x}_0(t) + \ddot{x}_H(t) + (h+R)\ddot{\alpha}(t)) \\
&\quad + \frac{\rho \pi R^4 (1-c^2)^2}{4} \ddot{\alpha}(t) - \rho \pi R^2 \int_{-1}^{c} \frac{\{\psi_1\}^T [N]}{m_1} (1-a^2)^{\frac{1}{2}} \mathrm{d}a \ddot{x}_c(t)
\end{aligned}$$

$$\tag{2.88}$$

可以写为：

$$\begin{aligned}
Q_1(t) &= -m_r(\ddot{x}_g(t) + \ddot{x}_0(t) + \ddot{x}_H(t) + h_0\ddot{\alpha}(t)) \\
&\quad - m_c(\ddot{x}_g(t) + \ddot{x}_0(t) + \ddot{x}_H(t) + h_c\ddot{\alpha}(t) + \ddot{x}_c(t)) \\
&\quad + [m_r h_0 + m_c h_c - M_L(h+R) + \varphi]\ddot{\alpha}(t)
\end{aligned}$$

$$\tag{2.89}$$

其中 $M_L = \dfrac{\pi \rho R^3}{3}\left[3\left(\dfrac{H}{R}\right)^2 - \left(\dfrac{H}{R}\right)^3\right]$，为储液总体积；$m_r$，$m_c$ 分别与第 2.2 节

中相同；$\varphi = \dfrac{\rho \pi R^4 (1-c^2)^2}{4}$。

由流体动态压力而产生的作用于支承底部的倾覆弯矩表达式：

$$\begin{aligned}
M_1(t) &= -\rho \int_{S_1} \frac{\partial \Phi}{\partial t}[R(1+\cos\theta) + h]\sin\theta\cos\beta \mathrm{d}s \\
&= -M_L\left(R + h + \frac{3(1-c^2)^2 R}{4(c+1)^2(c-2)}\right)(\ddot{x}_g(t) + \ddot{x}_0(t) + \ddot{x}_H(t) + (h+R)\ddot{\alpha}(t)) \\
&\quad + \left(\frac{(R+h)(1-c^2)^2}{4} + \frac{c^3(3c^2-5)-2}{15}R\right)\pi\rho R^3 \ddot{\alpha}(t) \\
&\quad - m_c\left(h + R + \frac{\rho\pi R^3 \int_{-1}^{c}\frac{\{\psi_1\}^T[N]}{m_1}(1-a^2)^{\frac{1}{2}}a\mathrm{d}a}{m_c}\right)\ddot{x}_c(t) \\
&= -m_r h_0(\ddot{x}_g(t) + \ddot{x}_0(t) + \ddot{x}_H(t) + h_0\ddot{\alpha}(t)) \\
&\quad - m_c h_c(\ddot{x}_c(t) + \ddot{x}_g(t) + \ddot{x}_0(t) + \ddot{x}_H(t) + h_c\ddot{\alpha}(t)) \\
&\quad + m_r(h_0 - h - R)h_0\ddot{\alpha}(t) + m_c(h_c - h - R)h_c\ddot{\alpha}(t) \\
&\quad + \left(\frac{(R+h)(1-c^2)^2}{4} + \frac{c^3(3c^2-5)-2}{15}R\right)\pi\rho R^3 \ddot{\alpha}(t)
\end{aligned}$$

$$\tag{2.90}$$

其中：$c = \cos\theta_1$。

地震作用时，支柱底部总剪力和总弯矩还应包含由球罐罐体、支承质量、球罐配件等产生的剪力和弯矩。由球壳惯性荷载形成的基底剪力可表示为：

$$\int_0^{2\pi}\int_0^{\pi}\int_{R_2}^{R_1}\rho_1[\ddot{x}_g(t) + \ddot{x}_0(t) + \ddot{x}_H(t) + (h + R + r\cos\theta)\ddot{\alpha}(t)]r^2\sin\theta dr d\theta d\beta$$

$$= \frac{4\pi\rho_1(R_1^3 - R_2^3)}{3}(\ddot{x}_g(t) + \ddot{x}_0(t) + \ddot{x}_H(t) + (h + R)\ddot{\alpha}(t))$$

$$= m_1(\ddot{x}_g(t) + \ddot{x}_0(t) + \ddot{x}_H(t) + (h + R)\ddot{\alpha}(t)) \qquad (2.91)$$

式中　ρ_1——球壳密度；

　R_1，R_2——分别为球壳内、外半径；

　　m_1——球壳质量。

可将支柱和拉杆等效质量集中于支柱顶部，故其贡献基底剪力为：

$$0.5m_3(\ddot{x}_g(t) + \ddot{x}_0(t) + \ddot{x}_H(t) + (h + R + r\cos\theta)\ddot{\alpha}(t)) \qquad (2.92)$$

保温层贡献基底剪力推导过程类似于球壳，为 $m_4(\ddot{x}_g(t) + \ddot{x}_0(t) + \ddot{x}_H(t) + (h + R)\ddot{\alpha}(t))$。

其他附件贡献基底剪力由其布置位置决定：$m_5(\ddot{x}_g(t) + \ddot{x}_0(t) + \ddot{x}_H(t) + (h + R + y_5)\ddot{\alpha}(t))$。

由于相对整个结构体系来说附件质量很小，所以为简化计算也可将其简化至圆心处。

总基底剪力为：

$$Q(t) = -m_r(\ddot{x}_g(t) + \ddot{x}_0(t) + \ddot{x}_H(t) + h_0\ddot{\alpha}(t)) - m_c(\ddot{x}_g(t) + \ddot{x}_0(t) + \ddot{x}_H(t) + h_c\ddot{\alpha}(t) + \ddot{x}_c(t))$$

$$- (m_1 + 0.5m_3 + m_4 + m_5)(\ddot{x}_g(t) + \ddot{x}_0(t) + \ddot{x}_H(t) + (h + R)\ddot{\alpha}(t))$$

$$(2.93)$$

对球壳来说其对支柱底部产生的弯矩可表达为：

$$\int_0^{2\pi}\int_0^{\pi}\int_{R_1}^{R_2}[\ddot{x}_g(t) + \ddot{x}_0(t) + \ddot{x}_H(t) + (h + R + r\cos\theta)\ddot{\alpha}(t)](R + r\cos\theta + h)\rho_1 r^2\sin\theta dr d\theta d\beta$$

$$= 4\pi\rho_1\frac{R_1^3 - R_2^3}{3}(R + h)(\ddot{x}_g(t) + \ddot{x}_0(t) + \ddot{x}_H(t) + (R + h)\ddot{\alpha}(t)) + 4\pi\rho_1\frac{R_2^5 - R_1^5}{15}\ddot{\alpha}(t)$$

$$= m_1(R + h)(\ddot{x}_g(t) + \ddot{x}_0(t) + \ddot{x}_H(t) + (R + h)\ddot{\alpha}(t)) + 4\pi\rho_1\frac{R_2^5 - R_1^5}{15}\ddot{\alpha}(t)$$

$$(2.94)$$

根据支承结构简化原则，将 1/2 支柱和拉杆质量集中于支承顶部，因此 $h_3 = h + R$；保温层质量等效高度推导类似于球壳，也存在 $h_4 = h + R$；对于石油化工中的球形储罐来说，球罐附件质量（各开口，喷淋装置，梯子和平台等）相对于罐内液体质量及球壳质量等对总基底弯矩的贡献较小，因此为简化计算，可假设 $h_5, \cdots, h_n = h + R$，所以由罐体、支承体系及附件等产生的基底弯矩表达式可写为：

$$M_2(t) = -m_s(R+h)\left(\ddot{x}_g(t) + \ddot{x}_0(t) + \ddot{x}_H(t) + (R+h)\ddot{\alpha}(t)\right) - 4\pi\rho_1 \frac{R_2^5 - R_1^5}{15}\ddot{\alpha}(t)$$

$$(2.95)$$

总基底弯矩为：

$$\begin{aligned}
M(t) = M_1 + M_2 &= -m_r h_0\left(\ddot{x}_g(t) + \ddot{x}_0(t) + \ddot{x}_H(t) + h_0\ddot{\alpha}(t)\right) \\
&\quad - m_c h_c\left(\ddot{x}_c(t) + \ddot{x}_g(t) + \ddot{x}_0(t) + \ddot{x}_H(t) + h_c\ddot{\alpha}(t)\right) \\
&\quad - m_s(R+h)\left(\ddot{x}_g(t) + \ddot{x}_0(t) + \ddot{x}_H(t) + (R+h)\ddot{\alpha}(t)\right) \\
&\quad - m_r(h+R-h_0)h_0\ddot{\alpha}(t) - m_c(h+R-h_c)h_c\ddot{\alpha}(t) \\
&\quad + \left(\frac{(R+h)(1-c^2)^2}{4} + \frac{c^3(3c^2-5)-2}{15}R\right)\pi\rho R^3\ddot{\alpha}(t) - 4\pi\rho_1\frac{R_1^5 - R_2^5}{15}\ddot{\alpha}(t) \\
&= -m_r h_0\begin{pmatrix}\ddot{x}_g(t) + \ddot{x}_0(t) + \ddot{x}_H(t) + h_0\ddot{\alpha}(t)) \\ -m_c h_c(\ddot{x}_c(t) + \ddot{x}_g(t) + \ddot{x}_0(t) + \ddot{x}_H(t) + h_c\ddot{\alpha}(t))\end{pmatrix} \\
&\quad - m_s(R+h)\left(\ddot{x}_g(t) + \ddot{x}_0(t) + \ddot{x}_H(t) + (R+h)\ddot{\alpha}(t)\right) - I_0\ddot{\alpha}(t) \quad (2.96)
\end{aligned}$$

其中：

$$\begin{aligned}
I_0 &= m_r(h+R-h_0)h_0 + m_c(h+R-h_c)h_c \\
&\quad - \left(\frac{(R+h)(1-c^2)^2}{4} + \frac{c^3(3c^2-5)-2}{15}R\right)\pi\rho R^3 + 4\pi\rho_1\frac{R_2^5 - R_1^5}{15} \quad (2.97)
\end{aligned}$$

由式（2.93）和式（2.86）可构造出球形储罐考虑 STLI 效应的简化动力学模型，如图 2.7 所示。

该简化动力学模型的运动控制方程为：

$$M\ddot{X} + C\dot{X} + KX = F \qquad (2.98)$$

其中：

$$M = \begin{bmatrix}
m_c & m_c & m_c & m_c h_c & 0 \\
m_c & m_c + m_r + m_s & m_c + m_r + m_s & m_c h_c + m_r h_0 + m_s(h+R) & 0 \\
m_c & m_c + m_r + m_s & m_c + m_r + m_s + m_f & m_c h_c + m_r h_0 + m_s(h+R) & 0 \\
m_c h_c & m_c h_c + m_r h_0 + m_s(h+R) & m_c h_c + m_r h_0 + m_s(h+R) & m_c h_c^2 + m_r h_0^2 + m_s(h+R)^2 + I + I_f & 0 \\
0 & 0 & 0 & 0 & I_\varphi
\end{bmatrix};$$

$$C = \begin{bmatrix} c_c & & & & \\ & c_0 & & & \\ & & c_H & & \\ & & & c_\alpha + c_\varphi & -c_\varphi \\ & & & c_\varphi & c_\varphi \end{bmatrix} ; \quad K = \begin{bmatrix} k_c & & & & \\ & k_0 & & & \\ & & k_H & & \\ & & & k_\alpha & \\ & & & & 0 \end{bmatrix} ;$$

$$X = \begin{Bmatrix} x_c \\ x_0 \\ x_H \\ x_\alpha \\ x_\varphi \end{Bmatrix} ; \quad F = \begin{bmatrix} m_c \\ m_c + m_r + m_s \\ m_c + m_r + m_s + m_f \\ m_c h_c + m_r h_0 + m_s (h + R) \\ 0 \end{bmatrix} \ddot{x}_g$$

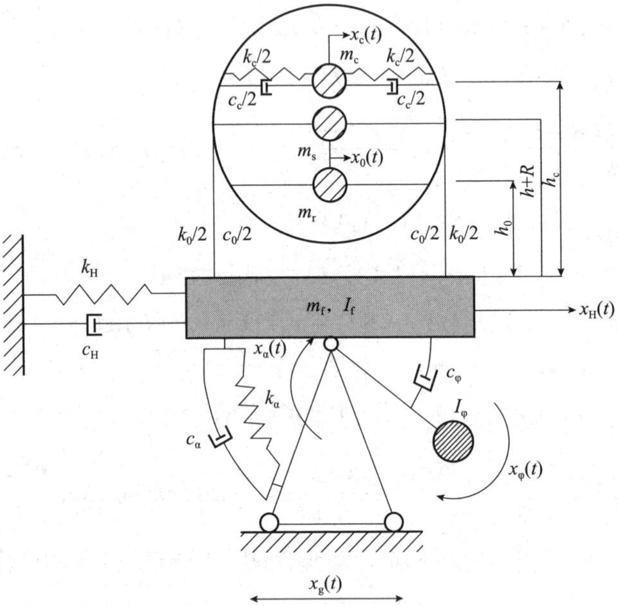

图 2.7　球形储罐考虑 STLI 效应的简化动力学模型

2.4　STLI 效应对球形储罐地震响应影响的算例分析

2.4.1　球形储罐结构及场地参数

选取某 $1000\,\mathrm{m^3}$ 液化石油气（LPG）球形储罐作为算例，设定储液高度为 $H =$

1.5R，忽略其内压影响，储液密度为 480kg/m³，球罐直径为 12.3m，球心距地面 8m，具体参数如表 2.1 所示。流体晃动分量占储液总质量的 0.2848。所在场地类型为Ⅲ类场地，场地土层物理参数如表 2.2 所示。设防烈度为 9 度。

表2.1 球形储罐参数

构件	型号/mm	密度/ (kg/m³)	弹性模量/ (10^{11}N/m²)	屈服强度/ (10^8N/m²)	泊松比
球壳(16MnR)	厚34	7850	2.06	3.15	0.3
支柱(10 根)	$\phi426 \times 10$	7800	1.92	2.15	0.3
拉杆(10 对)	直径56	7800	1.92	4.90	0.3

表2.2 场地土层的物理参数

土层	覆盖厚度/m	密度/(kg/m³)	剪切波速/(m/s)
素填土	2	1600	125
淤泥	8.8	1590	120
粉质黏土	3	1840	156
中粗砂	3.2	1850	265

2.3.1 节中介绍了场地土的简化模型，模型中包含场地土等效剪切波速 v_s，等效泊松比 v，埋置深度 e，场地土密度 ρ 以及基础结构半径 r 等。场地土的等效剪切波速可参照文献[52]中的公式计算：

$$v_s = d_0/t \qquad (2.99)$$

$$t = \sum_{i=e}^{n} (d_i/v_{si}) \qquad (2.100)$$

式中 d_0——计算深度，取覆盖层厚度和20m两者的较小值；

$\quad\quad\quad t$——剪切波在地面至计算深度之间的传播时间；

$\quad\quad\quad d_i$——计算深度范围内第 i 土层的厚度；

$\quad\quad\quad v_{si}$——计算深度范围内第 i 土层的剪切波速；

$\quad\quad\quad n$——计算深度范围内土层的分层数。

根据式(2.99)、式(2.100)即可算得球形储罐所在处场地土等效剪切波速 $v_s = 140.96$m/s，场地土等效泊松比为 $v = 0.35$。场地土密度可按式(2.101)计算，计算结果为 $\rho = 1684.2$kg/m³。基础埋置深度 $e = 0$，基础结构半径 $r = 6.55$m。

$$\rho = \frac{\sum_{i=1}^{n} d_i\rho_i}{\sum_{i=1}^{n} d_i} \qquad (2.101)$$

根据2.3.1节中式(2.70)~式(2.75)可分别算得水平平动刚度系数和阻尼系数(k_H、c_H)，转动刚度系数和阻尼系数(k_α、c_α)以及附加的自由度质量惯性矩和阻尼参数(L_φ、c_φ)。根据文献[40-42]可算得球形储罐支撑结构等效刚度系数k_0和阻尼系数c_0。简化力学模型其他参量结合球形储罐实际几何和物理参数根据本章第2.2、2.3节提出的公式进行计算。

2.4.2　地震动选取

根据《建筑抗震设计规范》[52]中的规定符合Ⅲ类场地的7条加速度时程曲线作为地震输入，其中5条天然波，2条人工合成波。调整地震波加速度时程曲线峰值为PGA = 0.4g，加速度反应谱如图2.8所示。

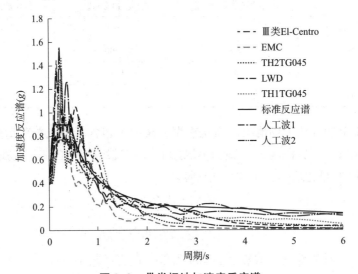

图2.8　Ⅲ类场地加速度反应谱

地震波加速度时程曲线及其对应的频谱曲线如图2.9及图2.10所示。

2.4.3　地震响应对比分析

基于所提出的球形储罐简化力学模型进行地震响应研究，以流体晃动波高、流体动态压力、基底剪力及作用于基础的倾覆弯矩作为控制目标探讨STLI效应对球形储罐地震响应的影响。图2.11展示了储液自由液面在地震激励方向上与罐壁接触处流体晃动波高时程曲线。图2.12为流体动态压力峰值，图2.13与图2.14分别为基底剪力及倾覆弯矩时程曲线。根据图2.11~图2.14可知，考虑

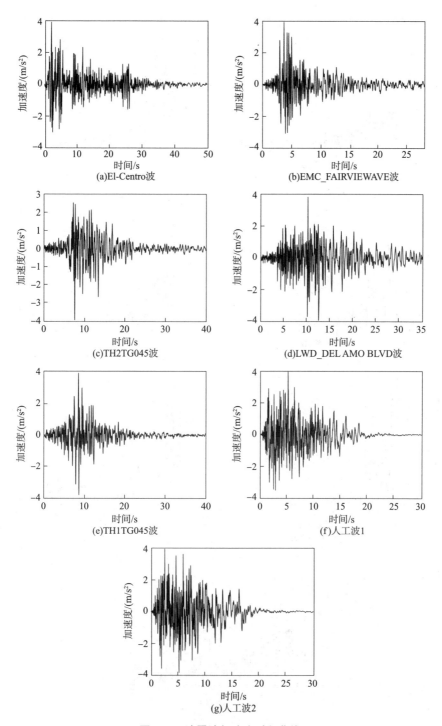

图2.9 地震波加速度时程曲线

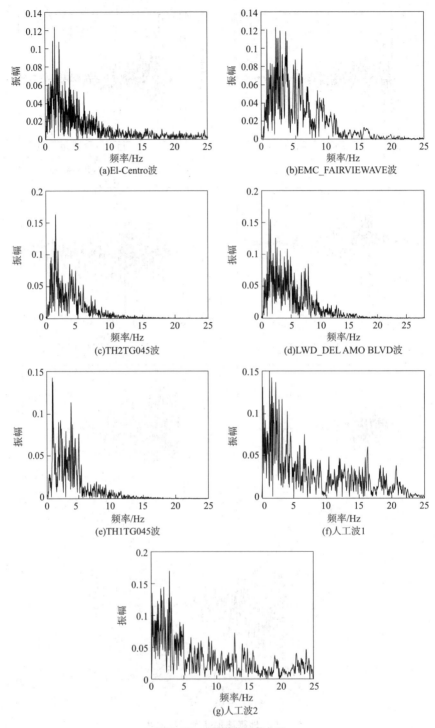

图2.10　地震波频谱曲线

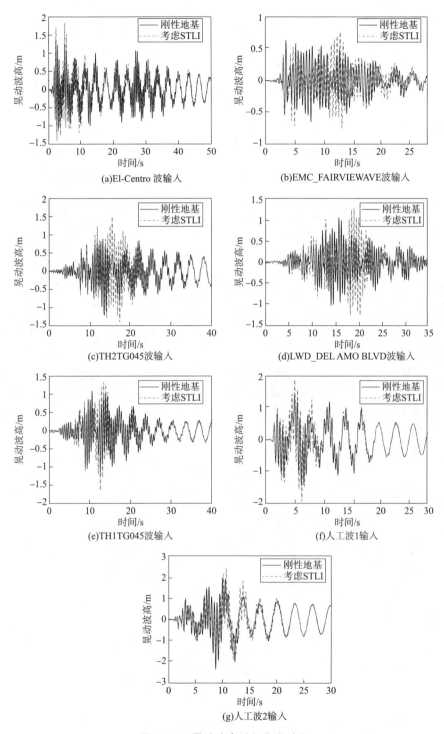

图 2.11　晃动波高时程曲线对比

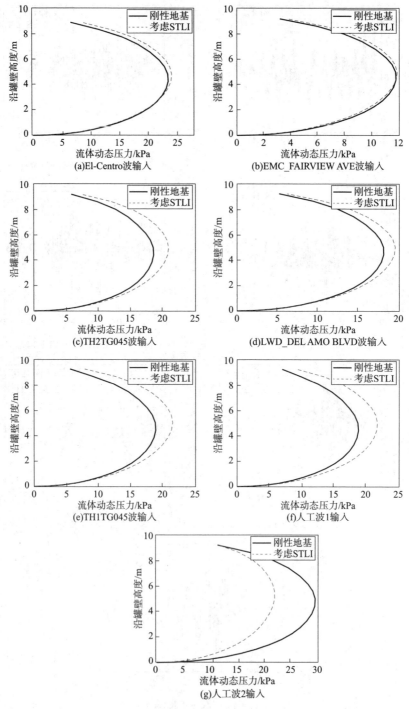

图2.12 流体动态压力峰值对比

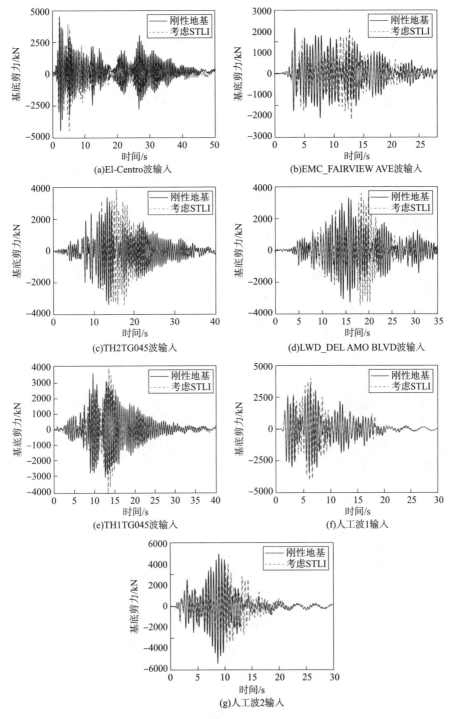

图2.13　基底剪力时程曲线对比

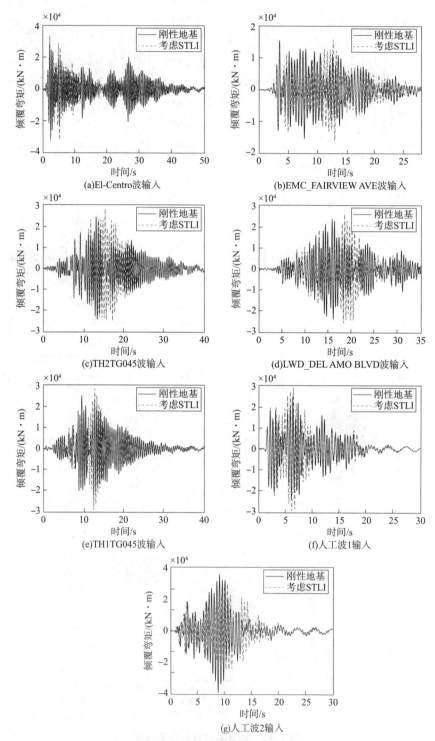

图2.14　作用于基础的倾覆弯矩时程曲线对比

STLI 效应与刚性地基假定的球形储罐地震响应计算结果相差较大，流体运动、基底剪力及倾覆弯矩时程曲线及其峰值存在明显差异。不同地震动输入时基底剪力及倾覆弯矩两者差异率呈现 1.92% ~ 25.25% 范围内的波动，且除"人工波 2"输入外，其余 6 条地震动输入时 STLI 效应对基底剪力及倾覆弯矩峰值均有放大作用，最大增幅可达 17% 以上。相对刚性地基假定时球形储罐结构，考虑 STLI 效应后由于"柔性"场地土层的植入，场地土 – 球形储罐结构体系的基本自振周期发生改变，致使其地震响应产生差异，同时根据数值分析结果显示 STLI 效应可能会加剧球形储罐地震响应。表 2.3 及表 2.4 分别展示了在不同地震激励和储液量(H/R)时球形储罐储液晃动波高、基底剪力及倾覆弯矩等地震响应峰值及两者(刚性地基与考虑 STLI)的差异率。

表2.3　地震响应峰值对比

地震输入	H/R	晃动波高/m		基底剪力/kN		倾覆弯矩/(kN·m)	
		刚性地基	考虑 STLI	刚性地基	考虑 STLI	刚性地基	考虑 STLI
El – Centro	0.2	0.232	0.192	1315.7	1144.8	10500.2	9318.1
	0.4	0.321	0.366	1283.6	1190.8	10022.0	9406.9
	0.6	0.542	0.573	1476.5	1276.2	11001.5	9808.3
	0.8	0.723	0.655	1715.4	1372.5	12129.3	10090.3
	1.0	1.00	0.866	2456.1	1903.1	16745.8	13400.5
	1.2	1.125	1.250	2472.5	2786.9	16910.3	19501.2
	1.4	1.86	1.444	5237.3	3920.3	36788.4	28196.5
	1.6	1.64	2.174	5377.2	5455.3	39573.1	40482.9
	1.8	1.737	1.479	7403.3	5784.6	57227.0	45155.6
EMC	0.2	0.124	0.101	1680.9	1148.7	13386.1	9386.6
	0.4	0.326	0.208	2004.3	1139.9	15550.0	9100.5
	0.6	0.534	0.378	1807.8	1166.3	13356.7	8983.1
	0.8	0.588	0.624	1593.0	1609.8	11204.5	11626.6
	1.0	0.886	1.084	2320.5	2323.2	15834.2	16676.5
	1.2	1.289	1.018	3495.0	2392.6	23898.6	16911.0
	1.4	0.674	0.663	2239.9	1820.5	15765.4	13064.5
	1.6	0.956	0.782	3361.5	2061.5	24761.3	15542.0
	1.8	0.541	0.692	2634.0	2641.7	20352.0	20682.1

地震输入	H/R	晃动波高/m		基底剪力/kN		倾覆弯矩/(kN·m)	
		刚性地基	考虑 STLI	刚性地基	考虑 STLI	刚性地基	考虑 STLI
TH2TG045	0.2	0.120	0.090	1690.5	1077.0	13467.0	8810.3
	0.4	0.256	0.208	1561.2	1066.3	12123.5	8624.9
	0.6	0.391	0.368	1433.7	1093.1	10608.3	8509.9
	0.8	0.589	0.464	1632.7	941.5	11499.6	6843.9
	1.0	0.742	0.831	1542.0	1780.4	10524.1	12554.0
	1.2	1.013	0.954	2533.1	2129.7	17322.2	14934.7
	1.4	1.001	1.317	2979.4	3027.3	20998.3	21612.3
	1.6	1.374	1.361	4719.8	4052.0	34734.4	30211.0
	1.8	1.037	1.382	5044.4	5720.2	38955.2	44477.2
LWD	0.2	0.182	0.109	2534.8	1107.7	20197.0	9015.3
	0.4	0.299	0.220	1896.9	1157.5	14720.1	9154.9
	0.6	0.405	0.474	1343.2	1506.6	9973.5	11462.0
	0.8	0.656	0.968	1829.1	2346.5	12856.7	17149.1
	1.0	1.395	1.404	3697.7	3204.3	25234.5	22700.0
	1.2	1.604	1.263	4339.9	2915.8	29675.4	20498.8
	1.4	1.211	1.031	3606.1	2664.2	25413.0	19119.5
	1.6	1.391	1.478	4542.1	4361.1	33511.1	32501.5
	1.8	1.462	1.282	5892.2	5023.8	45391.3	38981.5
TH1TG045	0.2	0.198	0.158	2210.8	1168.1	17599.0	9546.8
	0.4	0.393	0.320	2014.4	1320.5	15667.8	10612.3
	0.6	0.535	0.609	1514.6	1737.5	11253.3	13405.8
	0.8	0.902	0.724	2421.1	1653.3	17014.0	12133.9
	1.0	1.027	1.069	2386.3	2165.3	16257.1	15216.7
	1.2	1.318	1.546	3208.5	3489.1	21941.5	24473.3
	1.4	1.814	1.028	4999.5	2746.7	35265.1	19736.0
	1.6	1.429	1.260	4313.8	3445.2	31796.2	25737.8
	1.8	0.990	0.822	3899.1	3151.4	30153.6	24590.6
人工波1	0.2	0.737	0.753	1414.8	1192.2	11235.5	9661.0
	0.4	0.9535	1.002	1307.8	1277.6	10021.2	10048.8
	0.6	1.114	1.153	1769.8	1468.9	12848.6	10951.3
	0.8	1.416	1.528	1965.6	1734.6	13523.0	12277.1
	1.0	1.837	1.435	2985.9	2178.6	20219.9	15365.8
	1.2	1.437	1.826	2781.1	2820.6	19020.0	19668.3
	1.4	2.022	1.637	4403.2	3109.0	30999.5	22244.5
	1.6	1.967	1.638	5320.1	3989.0	39303.3	29938.5
	1.8	1.521	1.259	5448.3	4708.2	42238.8	36593.0

续表

地震输入	H/R	晃动波高/m		基底剪力/kN		倾覆弯矩/(kN·m)	
		刚性地基	考虑 STLI	刚性地基	考虑 STLI	刚性地基	考虑 STLI
人工波2	0.2	0.486	0.485	1528.7	1483.5	12187.7	12089.1
	0.4	0.766	0.769	1533.6	1617.9	11927.8	12907.3
	0.6	1.100	1.219	1874.9	1624.8	13873.3	12411.1
	0.8	1.745	1.630	2579.5	1897.0	18024.5	13806.0
	1.0	1.928	1.731	2717.8	2288.4	18576.9	15961.1
	1.2	1.731	1.876	3033.6	3081.3	20728.3	21597.5
	1.4	2.161	2.358	4502.2	4152.9	31852.4	29997.8
	1.6	2.257	2.199	5222.3	4528.3	38766.1	34000.1
	1.8	1.602	1.848	5898.6	5436.2	45714.3	42341.9

表2.4 地震响应峰值差异率

地震输入	H/R	差异率=(刚性地基-考虑 STLI)/刚性地基×100%		
		流体晃动波高	基底剪力	倾覆弯矩
El - Centro	0.2	17.24	12.99	11.26
	0.4	-14.02	7.23	6.14
	0.6	-5.72	13.57	10.85
	0.8	9.41	19.99	16.81
	1.0	13.40	22.52	19.98
	1.2	-11.11	-12.72	-15.32
	1.4	22.37	25.15	23.35
	1.6	-32.56	-1.45	-2.30
	1.8	14.85	21.86	21.09
EMC	0.2	18.55	31.66	29.88
	0.4	36.20	43.13	41.48
	0.6	29.21	35.49	32.74
	0.8	-6.12	-1.05	-3.77
	1.0	-22.35	-0.12	-5.32
	1.2	21.02	31.54	29.24
	1.4	1.63	18.72	17.13
	1.6	18.20	38.67	37.23
	1.8	-27.91	-0.29	-1.62

地震输入	H/R	差异率 =（刚性地基 - 考虑 STLI）/刚性地基 × 100%		
		流体晃动波高	基底剪力	倾覆弯矩
TH2TG045	0.2	25.00	36.29	34.58
	0.4	18.75	31.70	28.86
	0.6	5.88	23.76	19.78
	0.8	21.22	42.33	40.49
	1.0	-11.99	-15.46	-19.29
	1.2	5.82	15.93	13.78
	1.4	-31.57	-1.61	-2.92
	1.6	0.95	14.15	13.02
	1.8	-33.27	-13.40	-14.18
LWD	0.2	40.11	56.30	55.36
	0.4	26.42	38.98	37.81
	0.6	-17.04	-12.16	-14.92
	0.8	-47.56	-28.29	-33.39
	1.0	-0.65	13.34	10.04
	1.2	21.26	32.81	30.92
	1.4	14.86	26.12	24.76
	1.6	-6.25	3.98	3.01
	1.8	12.31	14.74	14.12
TH1TG045	0.2	20.20	47.16	45.75
	0.4	18.58	34.45	32.27
	0.6	-13.83	-14.72	-19.13
	0.8	19.73	31.71	28.68
	1.0	-4.09	9.26	6.40
	1.2	-17.30	-8.75	-11.54
	1.4	43.33	45.06	44.04
	1.6	11.83	20.14	19.05
	1.8	16.97	19.18	18.45
人工波1	0.2	-2.17	15.73	14.01
	0.4	-5.09	2.31	-0.28
	0.6	-3.50	17.00	14.77
	0.8	-7.91	11.75	9.21
	1.0	21.88	27.04	24.01
	1.2	-27.07	-1.42	-3.41
	1.4	19.04	29.39	28.24
	1.6	16.73	25.02	23.83
	1.8	17.23	13.58	13.37

续表

地震输入	H/R	差异率 = (刚性地基 − 考虑 STLI)/刚性地基 × 100%		
		流体晃动波高	基底剪力	倾覆弯矩
人工波2	0.2	0.21	2.96	0.81
	0.4	− 0.39	− 5.50	− 8.21
	0.6	− 10.82	13.34	10.54
	0.8	6.59	26.46	23.40
	1.0	10.22	15.80	14.08
	1.2	− 8.38	− 1.57	− 4.19
	1.4	− 9.12	7.76	5.82
	1.6	2.57	13.29	12.29
	1.8	− 15.36	7.84	7.38

参考文献

[1] Spyros A. Karamanos1, Lazaros A. Patkas, Manolis A. Platyrrachos. Sloshing Effects on the Seismic Design of Horizontal − Cylindrical and Spherical Industrial Vessels[J]. Journal of Pressure Vessel Technology, 2006, 128(3): 328 − 340.

[2] Bernard Budiansky. Sloshing of Liquids in Circular Canals and Spherical Tanks[J]. Journal of the Aerospace Sciences, 1960, 27(3): 161 − 173.

[3] James D. Riley. Sloshing of Liquids in Spherical Tanks[J]. Journal of the Aerospace Sciences, 1961, 28(3): 245 − 246.

[4] Hieatt J. L., Riley J. D. Digital Program for Fluid Sloshing in Tanks with Axial Symmetry, Space Technology Laboratories[R]. Inc., Report No. TM − 39 − 0000 − 00389, 1959.

[5] McCarty, John Locke, Stephens, David G. Investigation of the Natural Frequencies of Fluids in Spherical and Cylindrical Tanks[R]. NASA TN D − 252, May, 1960.

[6] W. H. Chu. Fuel sloshing in a spherical tank filled to an arbitrary depth[J]. American Institute of Aeronautics and Astronautics, 1964, 2(11): 1972 − 1979.

[7] P. McIver. Sloshing frequencies for cylindrical and spherical containers filled to an arbitrary depth [J]. Journal of Fluid Mechanics, 1989, 201: 243 − 257.

[8] Evans D. V., Linton C. M. Sloshing Frequencies[J]. Journal of Mechanics and Applied Mathematics, 1993, 46(1): 71 − 87.

[9] Papaspyrou S., Valougeorgis D., S. A. Karamanos. Refined Solutions of Externally Induced Sloshing in Half − Full Spherical Containers[J]. Journal of Waterway, Port, Coastal and Ocean Engi-

neering, 2003, 129(12): 1369 – 1379.

[10] Lazaros A. Patkas, Spyros A. Karamanos. Variational Solutions for Externally Induced Sloshing in Horizontal – Cylindrical and Spherical Vessels[J]. Journal of Engineering Mechanics, 2007, 133 (6): 641 – 655.

[11] Spyros A. Karamanos, Dimitris Papaprokopiou, Manolis A. Platyrrachos. Finite Element Analysis of Externally – Induced Sloshing in Horizontal – Cylindrical and Axisymmetric Liquid Vessels[J]. Journal of Pressure Vessel Technology, 2009, 131(5): 051301 – 051311.

[12] Seyyed M. Hasheminejad, Ali Moshrefzadeh, Miad Jarrahi. Transient Sloshing in Partially Filled Laterally Excited Spherical Vessels[J]. Journal of Engineering Mechanics, 2013, 139(7): 502 – 813.

[13] Matthias Wieschollek, Kalliopi Diamanti, Marius Pinkawa, et al. Guidelines for seismic Design and analysis of pressure vessels[C]. Proceedings of the ASME 2013 Pressure Vessels and Piping Conference, Paris, France, 2013.

[14] Barnyak M. Y. Solutions of the Laplace Equation Satisfying the Condition of Impermeability on a Spherical Segment[J]. Journal of Mathematical Sciences, 2017, 220(3): 254 – 264.

[15] G. C. Drosos, A. A. Dimas, D. L. Karabalis. Discrete Models for Seismic Analysis of Liquid Storage Tanks of Arbitrary Shape and Fill Height[J]. Journal of Pressure Vessel Technology, 2008, 130(4): 041801 – 041812.

[16] Oludele Adeyefa, Oluleke Oluwole. Finite Element Modeling of Seismic Response of Field Fabricated Liquefied Natural Gas (LNG) Spherical Storage Vessels[J]. Engineering, 2013, 5(6): 543 – 550.

[17] Rixon K. L. , S. Balamurugan. Seismic Analysis of Spherical Vessel Containing Liquefied Petroleum Gas[J]. International Journal of Science and Research, 2014, 3(5): 1854 – 1856.

[18] Yang Zhirong, Zhang Dayong, Guo Longwei, et al. Seismic Performance Analysis of the Large Spherical Tank[C]. ASME 2014 Pressure Vessels and Piping Conference, Anaheim, California, USA, 2014, V003T03A047.

[19] Takashi Ohno, Nobuyuki Kobayashi, Kenji Oyamad. Seismic Resistance Capacity on Pipe Braced Supporting Frame of Spherical Tank[C]. Proceedings of the ASME 2015 Pressure Vessels and Piping Conference, Boston, Massachusetts, USA, 2015.

[20] Tellam Chandraiah, Prasad. S. Sambhu, Pinninti Venkata Ravi Ram. Structural Analysis of Large Ethane Storage Sphere for Design Pressure and Seismic Loads[J]. Journal of Mechanical Engineering, 2016, 9(1): 54 – 62.

[21] Miao Nan, Li Junfeng, Wang Tianshu. Equivalent mechanical model of large – amplitude liquid sloshing under time – dependent lateral excitations in low – gravity conditions[J]. Journal of Sound and Vibration, 2017, 386: 421 – 432.

[22] SIVY Martin, MUSIL Milos. Design of the spherical liquid storage tanks for earthquake resistance [J]. Annals of the Faculty of Engineering Hunedoara – International Journal of Engineering, 2018, 16(1): 121 – 126.

[23] 王永卫. 球罐结构应力与抗震分析研究[D]. 南京：南京工业大学, 2006.

[24] 张文涛. 大型球形储罐在风力、地震作用下的结构安全性分析[D]. 太原：中北大学, 2009.

[25] 杨智荣, 寿比南, 孙亮, 等. 地震荷载下球罐的动力学响应分析[C]. 第七届全国压力容器学术会议, 江苏无锡, 2009.

[26] 程凌, 王宗宁, 陶陈华. 球罐结构应力与抗震分析研究[J]. 石油化工设备, 2010, 1: 17 – 21.

[27] Xiang Li, Zhiwei Chen, Weihua Wang, et al. Research on Structure Security of a Spherical Tank Under Wind and Seismic Effect[C]. Proceedings of the ASME 2012 Pressure Vessels & Piping Conference, Toronto, Ontario, Canada, 2012: 489 – 496.

[28] 郭龙玮, 张大勇, 杨智荣, 等. 球形储罐的抗震性能分析研究[J]. 压力容器, 2014, 7: 49 – 54.

[29] 周利剑, 孙铭阳, 王雪. 支架式球形储罐子结构简化模型[J]. 油气田地面工程, 2016, 35(05): 39 – 42.

[30] 孙铭阳. 支架式球形储罐动力响应及层间隔震分析[D]. 大庆：东北石油大学, 2016.

[31] 王向英, 张洋, 赵诗扬, 等. 球罐地震反应分析及其子结构拟动力试验方法[J]. 河北工业科技, 2017, 3: 172 – 176.

[32] 张洋. 基础不均匀沉降下球罐地震反应分析[D]. 大庆：东北石油大学, 2017.

[33] 李娥. 球形储罐模型振动试验研究[J]. 石油工程建设, 1995, 3: 18 – 21.

[34] 徐振贤. 钢制球形储罐抗震设计[J]. 石油工程建设, 1995, 5: 5 – 9.

[35] Yuan Lyu, Jiangang Sun, Zonggung Sun, et al. Basic Theory of Simplified Dynamic Model for Spherical Tank Considering Swinging Effect[J]. Journal of Pressure Vessel Technology, 2019, 141(6): 061202.

[36] 吕远, 孙建刚, 孙宗光, 等. 球形储罐考虑储液晃动时的简化动力学模型基本理论[J]. 振动与冲击, 2019, 7: 155 – 164.

[37] Housner G. W. Dynamic Pressures on Accelerated Fluid Containers[J]. Bulletin of the Seismological Society of America, 1957, 47(01): 15 – 35.

[38] Haroun M. A., Housner G. W. Seismic Design of Liquid Storage Tanks[J]. Journal of the Technical Councils, ASCE, 1981, 107(1): 191 – 207.

[39] Veletsos A. S., Yang J. Y. Earthquake Response of Liquid Storage Tanks[C]. 2nd Engineering Mechanics Conference, ASCE, Raleigh, NC, 1977.

[40] GB/T 50761—2018 石油化工钢制设备抗震设计标准[S].

[41]GB 50191—2012 构筑物抗震设计规范[S].

[42]GB/T 12337—2014 钢制球形储罐[S].

[43]Nik Farhad Abedi, Khoshnoudian Faramarz. Strength reduction factor for multistory building – soil systems[J]. Earthquakes & Structures, 2014, 6(3): 301 – 316.

[44]Burak Yön, Yusuf Calay. The soil effect on the seismic behavior of reinforced concrete buildings [J]. Earthquakes & Structures, 2015, 8(1): 133 – 152.

[45]赵学斐, 王曙光, 王海, 等. 考虑土 – 结相互作用的黏滞阻尼器减震结构振动台试验研究[J]. 振动与冲击, 2017, 36(13): 146 – 154.

[46]孙建刚, 郝进锋, 刘杨, 等. 考虑摆动效应的立式储罐隔震分析简化力学模型[J]. 振动与冲击, 2016, 35(11): 20 – 28.

[47]Kamila Kotrasováa, Slávka Harabinováa, Iveta Hegedüšováa, Eva Kormaníkováa, Eva Panulinováa. Numerical Experiment of Fluid – Structure – Soil Interaction[J]. Procedia Engineering, 2017, 190: 291 – 295.

[48]Yuan Lyu, Jiangang Sun, Zonggung Sun, et al. Basic Theory of Simplified Dynamic Model for Spherical Tank Considering Swinging Effect[J]. Journal of Pressure Vessel Technology, 2019, 141(6): 061202.

[49]Wolf J. P. Foundation Vibration Analysis Using Simple Physical Models[M]. Prentice Hall, Upper Saddle River, 1994.

[50]Khosravikia, Farid, Mahsuli, Mojtaba, Ali Ghannad, M. Probabilistic evaluation of 2015 NE-HRP soil – structure interaction provisions[J]. Journal of Engineering Mechanics, 2017, 143 (9): 1 – 11.

[51]Khosravikia, Farid, Mahsuli, Mojtaba, Ali Ghannad, M. The effect of soil – structure interaction on the seismic risk to buildings[J]. Bulletin of Earthquake Engineering, 2018, 16(9): 3653 – 3673.

[52]GB 50011—2010 建筑抗震设计规范[S].

第3章 球形储罐滚动隔震
基本理论及减震分析

本章将滚动隔震应用于球形储罐，基于滚动隔震与耗能阻尼器并联组合的结构控制思想，分别设计了两种附加的耗能阻尼器：装配式铅芯阻尼器、压缩弹簧滑动摩擦阻尼器，与滚动隔震并联组合构成新型复合滚动隔震，提出了两种阻尼器对应的设计方法，建立了复合滚动隔震的非线性恢复力力学模型。基于此进一步提出了球形储罐复合滚动隔震体系，并建立了对应的简化力学模型，并通过算例分析研究了球形储罐纯滚动隔震、复合滚动隔震下的减震效率，讨论了STLI效应对球形储罐滚动隔震减震性能的影响。

3.1 球形储罐基础隔震研究进展

减震、隔震技术已在土木工程领域得到了广泛的应用，并已经过地震的实际检验，是能有效减弱建筑物地震响应的工程措施，其研究和应用已得到了广泛的认可。由于其优良的振动控制效果，引起了众多国内外不同领域科技工作者浓厚的兴趣。近年国内外学者和工程技术人员已尝试将减震、隔震技术应用于储罐结构。在立式储罐以及LNG储罐的应用研究上已取得了丰硕的成果[1-24]。目前基础隔震技术已在LNG储罐成功应用。1997年在韩国西海岸Inchon建造的三个特大型LNG储罐第一次采用了基础隔震技术(图3.1)，隔震设计周期约为3s，SSE(Safe Shutdown Earthquake)最大水平加速度为0.2g。1999年希腊Revithoussa岛建造了两个容量为6.5×10^{4}m^{3}的LNG储罐(图3.2)，其中一个采用了隔震技术，另外一个未采用隔震措施而是在连接内外储罐之间安装了大量锚固构件。其后，2000年瑞典在Bachmann也建成了LNG隔震储罐(图3.3)。国内近年来也正逐步推广隔震技术在LNG储罐上的应用。深圳投产的3个16×10^{4}m^{3}的LNG储罐以及唐山、天津等投产的LNG储罐(如图3.4)均采用了叠层橡胶支座高桩基础体系。

图3.1 韩国 Inchon 的 LNG 隔震储罐

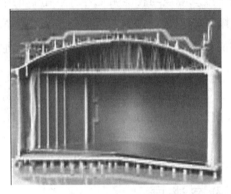

图3.2 希腊 Revithoussa 岛 LNG 隔震储罐 　　图3.3 瑞典 Bachmann LNG 隔震储罐

图3.4 国内 LNG 隔震储罐

　　21 世纪初，欧洲开启了 INDEPTH 计划，致力于研发适用于球形储罐等石化设备的新型减震装置[25,26]，在该项目的资助下，国外学者针对球形储罐采用高阻尼橡胶垫、铅芯橡胶垫以及纤维增强橡胶垫等隔震装置开展了数值分析和试验研究[26-28]，发现隔震措施能够有效地减小球罐重心处的水平加速度（从而有效地减小基底剪力和倾覆力矩），且基础隔震措施更适用于拟建或新设计球形储罐的抗震性能提升。近年来，我国学者王振和韩玉光[29]进行了球形储罐基础隔震有限元数值仿真分析，李霄龙和翁大根等[30]基于铅芯橡胶隔震支座针对钢制球形储罐进行了基础隔震设计研究。通过国内外学者的研究充分证明了基础隔震技术能够有效提升球形储罐抗震性能，相关研究成果极大促进了球形储罐基础隔震技术的发展。

带凹面的钢制自复位滚动隔震装置力学性能受温度等外部环境影响更小，尤其通过调整凹面曲率半径和滚球尺寸可实现更大范围的隔震周期（理论上可达6 ~ 10s）同时兼顾较强的自复位性能，且具有构造相对简单、造价相对低廉的特点。但其竖向承载力相对较弱[31-33]，因此多见于轻质结构或设备的减震应用[34]。而球形储罐整体重量相对常规建筑结构更轻[35,36]，对隔震措施的竖向承载力要求不高。受此启发，本书提出一种球形储罐自复位纯滚动隔震体系，为球形储罐减震研究提供新的思路和方法。

3.2　带凹面滚动隔震层水平恢复力模型及竖向承载力计算方法

3.2.1　带凹面滚动隔震层通用的恢复力模型

本章主要针对带凹面的自复位滚球式滚动隔震进行研究。带凹槽或碗状凹面的自复位滚动隔震系统按滚子的差异可分为滚轴式、滚球式以及椭球式，本文中滚动隔震体系主要针对滚轴或滚球式。滚动隔震按凹面的差异又可分为弧形、V形等。凹面曲线形式对滚动隔震系统恢复力力学模型有着决定性影响。由于滚动隔震多为对称体系，可采用降维法将三维滚动简化为二维分析问题。滚动隔震系统二维受力分析图如图3.5所示，以下部凹面曲线的中心为原点建立直角坐标系，凹面二维的曲线函数为 $y = f(x)$，曲率半径为 $R(x)$，上部配重为 m。

根据竖向及水平力的平衡原则，可推得滚子与上部凹面接触面在水平、竖向的平衡方程：

$$W\cos\beta + F\sin\beta - N = 0 \qquad (3.1)$$

$$W\sin\beta - F\cos\beta + T = 0 \qquad (3.2)$$

其中 W 为上部结构作用于滚子的竖向荷载，F 为滚动隔震装置的恢复力，N，T 分别为滚子与上底板接触面的法向反力与切向摩擦力，$β$ 为旋转角。根据式(3.1)以及式(3.2)可推得恢复力以及法向反力的表达式：

$$F = W\tan\beta + \frac{T}{\cos\beta} \tag{3.3}$$

$$N = W\cos\beta + F\sin\beta = W\sec\beta + T\tan\beta \tag{3.4}$$

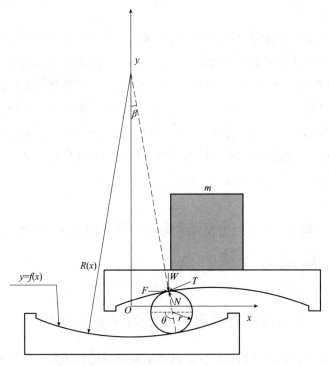

图3.5 滚动隔震系统二维受力分析图

切向摩擦力 T 可以表示为[37]：

$$T = \text{sgn}(\dot{v})\frac{\mu N}{r} = \text{sgn}\left(\frac{\dot{x}}{\cos\beta}\right)\frac{\mu W}{r\cos\beta}\left[\frac{1}{1 - \text{sgn}\left(\frac{\dot{x}}{\cos\beta}\right)\frac{\mu}{r}\tan\beta}\right] \tag{3.5}$$

其中 r 为滚子半径，μ 为滚动摩阻系数。将式(3.5)代入式(3.3)可得：

$$F = W\tan\beta + \text{sgn}(\dot{x})\frac{\mu W}{r}\left[\frac{1 + \tan^2\beta}{1 - \text{sgn}(\dot{x})\frac{\mu}{r}\tan\beta}\right] \tag{3.6}$$

而根据几何关系可知 $\tan\beta = f'(x)$，则等式(3.6)可写作：

$$F = Wy' + \text{sgn}(\dot{x})\frac{\mu W}{r}\left[\frac{1 + (y')^2}{1 - \text{sgn}(\dot{x})\frac{\mu}{r}y'}\right] \tag{3.7}$$

式(3.7)即为凹面滚动隔震体系通用的恢复力表达式，可根据凹面曲线方程

$y = f(x)$，求得具体滚动隔震的恢复力力学模型，本章主要针对椭圆（椭球）、圆弧（球）两种凹面形式的滚动隔震进行具体恢复力力学模型的求解。

3.2.2　椭圆或椭球凹面变曲率滚动隔震恢复力力学模型

所提椭球指由椭圆绕中心轴旋转 $360°$ 所得的旋转椭球体。假定凹面曲线为椭圆或椭球，则按原有坐标系，下底板滚动切面的椭圆方程为：

$$\frac{x^2}{a^2} + \frac{y^2}{b^2} = 1 \tag{3.8}$$

根据式（3.8）可得 $y' = \frac{b^2}{a^2}\left(b^2 - \frac{b^2}{a^2}x^2\right)^{-\frac{1}{2}} x$，据此式（3.7）可写作：

$$F = kx + \mathrm{sgn}(\dot{x})\frac{\mu W}{r}\left[\frac{1 + y'^2}{1 - \mathrm{sgn}(\dot{x})\frac{\mu}{r}y'}\right] \tag{3.9}$$

其中 $k = W\frac{b^2}{a^2}\left(b^2 - \frac{b^2}{a^2}x^2\right)^{-\frac{1}{2}}$，为相对底板的恢复刚度。根据几何关系可知上顶板在水平方向的偏移量可表示为：

$$x_0 = 2x - 2r\frac{y'}{\sqrt{1 + y'^2}} \tag{3.10}$$

则恢复力公式可以写作：

$$F = k_0 x_0 + \mathrm{sgn}(\dot{x})\frac{\mu W}{r}\left[\frac{1 + y'^2}{1 - \mathrm{sgn}(\dot{x})\frac{\mu}{r}y'}\right] \tag{3.11}$$

其中 $k_0 = \frac{kx}{x_0}$，为相对隔震装置顶板的恢复刚度。式（3.11）中等号右侧第一项为弹性恢复力，第二项为滚动摩擦力。其中变曲率滚动隔震自复位等效刚度 $k_0 = \dfrac{Wy'}{2x - 2r\dfrac{y'}{\sqrt{1 + y'^2}}}$，则其自振周期：

$$T_i = 2\pi\sqrt{\frac{m}{k}} = 2\pi\sqrt{\left|\frac{2x - 2r\dfrac{y'}{\sqrt{1 + y'^2}}}{y'g}\right|} \tag{3.12}$$

由式（3.12）可知变曲率滚动隔震装置的自振周期主要由椭圆长短轴、滚子的半径及滚子滚动时所处的位置决定。根据文献［37］可知滚子滚动的起滚力为：

$F_q = \dfrac{F_N \mu}{r}$。进行滚动隔震装置设计时需根据承载力需求首先确定滚子的半径，进而进行椭圆(椭球)长短轴的设计。椭圆(椭球)长短轴既要满足隔震要求，也要满足滚子有一定的滚动空间。

选取 $b = 0.1\text{m}$，$r = 0.075\text{m}$，上部施加重为 M 的质量，研究不同椭圆长轴时刚度函数及周期函数的变化规律，如图3.6所示。从图3.6中可以看出，滚子半径及椭圆(椭球)凹面短轴尺寸一定时，随着长轴的增大，刚度系数逐渐减小，隔震周期逐渐增大，且等效刚度及隔震周期的变化率逐渐减小。为达到较好的减震效果，隔震周期不宜过小，因此长轴值的选取需综合考虑上部结构自振频率及有可能产生的最大水平位移优化设计。

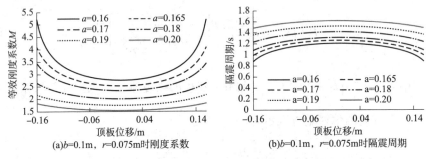

(a)$b=0.1\text{m}$，$r=0.075\text{m}$时刚度系数　　(b)$b=0.1\text{m}$，$r=0.075\text{m}$时隔震周期

图3.6　椭圆(椭球)凹面变曲率滚动隔震参数

基于所提出的恢复力力学模型，针对椭圆(椭球)凹面滚动隔震进行恢复力力学性能分析，同时研究不同滚动摩擦系数对其恢复力滞回曲线的影响。假定隔震装置上部施加5200kN的荷载，装置尺寸为 $a = 0.25\text{m}$，$b = 0.1\text{m}$，$r = 0.075\text{m}$。基于恢复力力学模型进行拟静力滞回研究，不同滚动摩擦系数时恢复力滞回曲线如图3.7所示。正弦位移激励曲线如图3.8所示。

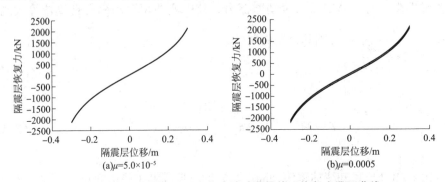

(a)$\mu = 5.0 \times 10^{-5}$　　　　　　　　(b)$\mu = 0.0005$

图3.7　椭圆(椭球)凹面变曲率滚动隔震体系恢复力滞回曲线

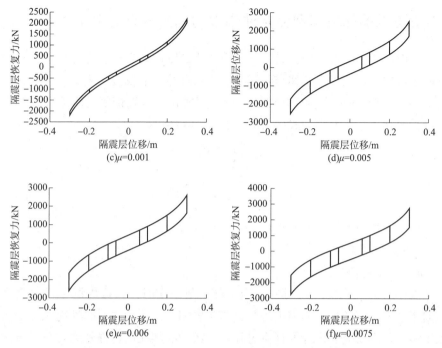

图 3.7 椭圆(椭球)凹面变曲率滚动隔震体系恢复力滞回曲线(续)

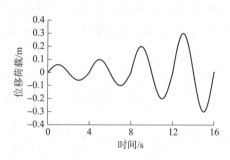

图 3.8 位移荷载

从图 3.7 中可以看出,椭圆(椭球)凹面滚动隔震层恢复力滞回曲线呈反 S 形,随着隔震层位移增大,恢复力呈现出较强的非线性增大趋势,快速增大的恢复力有助于限制隔震层的位移。滚动摩阻系数较小时,在往复位移激励下滚动隔震恢复力趋近一条重合的曲线,此时隔震层耗能机制较弱。而随着滚动摩阻系数的增大滞回曲线愈加饱满,有效提升了滚动隔震层消耗地震能量的能力。通过改变滚动接触面的材料可获得不同的滚动摩阻系数,对滚动隔震体系的减震效率将产生影响。

3.2.3　圆弧或球凹面定曲率滚动隔震恢复力力学模型

当凹面形式为圆弧或球类时，亦可简化为二维滚动进行力学分析。根据以往研究成果可知，当隔震层位移与隔震装置有效曲率半径 $2(R-r)$ 之比小于 $0.2\sim0.3$ 时，滚动隔震恢复刚度变化较小，可采用简化的线性恢复力刚度和隔震周期公式进行滚动隔震研究，如式(3.13)、式(3.14)所示。

$$k = \left(\frac{2\pi}{T_i}\right)^2 m \tag{3.13}$$

$$T_i = 2\pi\sqrt{\frac{S}{g}} = 2\pi\sqrt{\frac{2(R-r)}{g}} \tag{3.14}$$

式中　R——圆弧(球)凹面曲率半径；

　　　r——滚子半径；

　　　m——上部质量。

从式(3.13)、式(3.14)可知，当上部质量一定时，自振周期和等效刚度为凹面曲率半径及滚子半径的相关函数，与装置相对位移无关。此种简化方法大大简化了滚动隔震研究、设计的计算过程。但滚动隔震在遭遇强烈地震时，虽能有效"隔断"地震能量自下而上的传导，降低上部结构的地震响应，但由于较弱的耗能机制，隔震层处可能形成较大的相对位移。当隔震层位移与有效曲率半径 $2(R-r)$ 之比大于 0.3 时，上述的线性化计算模型不再适用，此时需考虑隔震层位移对恢复力的影响。

圆弧(球)凹面滚动隔震恢复力模型是椭圆(椭球)凹面的一种特殊情况，此时 $a=b=R$，因此可根据式(3.11)直接求得圆弧(球)凹面滚动隔震的恢复力：

$$F = -W(4(R-r)^2 - x_0^2)^{-\frac{1}{2}}x_0 + \mathrm{sgn}(\dot{x}_0)\frac{\mu W}{r}\left[\frac{1+y'^2}{1-\mathrm{sgn}(\dot{x})\frac{\mu}{r}y'}\right]$$

$$= -kx_0 + \mathrm{sgn}(\dot{x}_0)\frac{\mu W}{r}\left[\frac{1+y'^2}{1-\mathrm{sgn}(\dot{x})\frac{\mu}{r}y'}\right] \tag{3.15}$$

式(3.15)中等号右边第一项为弹性恢复力，第二项由摩擦力构成。其中变曲率滚动隔震自复位刚度 $k = W(4(R-r)^2 - x_0^2)^{-\frac{1}{2}}$，则其自振周期：

$$T = 2\pi\sqrt{\frac{m}{k}} = 2\pi\sqrt{\frac{(4(R-r)^2 - x_0^2)^{\frac{1}{2}}}{g}} \tag{3.16}$$

此时 $y' = -[4(R-r)^2 - x_0^2]^{-\frac{1}{2}}x_0$。从式(3.16)可以看出，圆弧(球)凹面滚动隔震的隔震周期与凹面曲率半径、滚子半径、隔震层偏移量相关。隔震设计时应首先确定滚子的尺寸大小，而后根据所需隔震周期进行凹面曲率半径的设计。

选取滚子半径为 $r = 0.105\mathrm{m}$，上部施加重量 M，研究不同凹面半径及不同偏移量时的等效刚度及隔震周期变化规律，结果如图 3.9 所示。从图 3.9 中可知，滚子尺寸一定时，隔震周期随隔震层位移的增大而减小，随圆弧（球）凹面的曲率半径的增大而增大，而隔震层等效刚度的变化规律与此正好相反。相同条件下，圆弧（球）凹面的曲率半径越大，则隔震层位移与隔震装置有效曲率半径 $2(R-r)$ 之比越小，隔震层等效刚度及隔震周期的变化范围逐渐减小，恢复力趋近于线性状态。

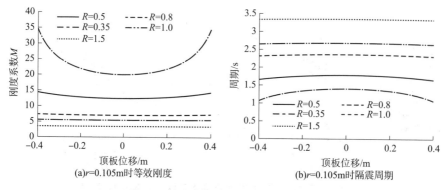

图 3.9　圆弧（球）凹面滚动隔震参数

针对圆形（球）凹面滚动隔震进行恢复力力学性能分析，同时研究不同滚动摩擦系数对其恢复力滞回曲线的影响。拟静力滞回研究采用正弦位移激励 $y = A(t)\sin\left(\dfrac{\pi}{2}t\right)$，激励周期 4s，激励曲线如图 3.8 所示。假定隔震装置上部施加 5200kN 的荷载，圆形（球）凹面曲率半径为 $R = 0.5\mathrm{m}$，$r = 0.075\mathrm{m}$。不同滚动摩擦系数时滚动隔震恢复力滞回曲线如图 3.10 所示。

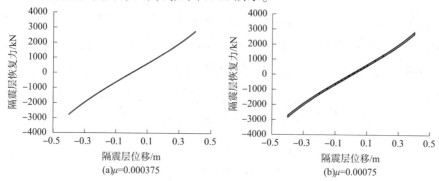

图 3.10　圆弧（球）凹面滚动隔震体系恢复力滞回曲线

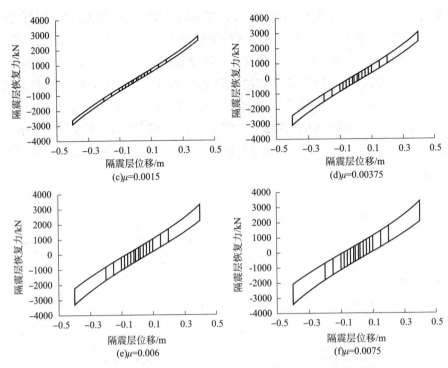

图 3.10　圆弧(球)凹面滚动隔震体系恢复力滞回曲线(续)

从图 3.10 中恢复力滞回曲线可以看出，圆弧(球)凹面滚动隔震层恢复力滞回曲线形状呈中间较细两头粗的反 S 形，当隔震层位移较小时恢复力大致呈线性变化，随着隔震层位移增大，恢复力呈现出一定的非线性增大趋势。随着滚动摩擦系数的增大，恢复力滞回曲线愈加饱满，有效地提升了滚动隔震体系的耗能机制。

3.2.4　滚动隔震装置竖向承载力计算方法

根据赫兹接触理论，当滚动隔震形式为滚球与碗状凹面时，如图 3.11 所示，可采用式(3.17)计算最大接触应力 σ_s。当滚动隔震形式为滚轴与凹槽时，如图 3.12 所示，可采用式(3.18)计算最大接触应力 σ_r。

$$\sigma_s = \left[\frac{6}{\pi^3} \left(\frac{R_2 - R_1}{R_1 R_2} \right)^2 \left(\frac{1 - v_1^2}{E_1} + \frac{1 - v_2^2}{E_2} \right)^{-2} F \right]^{\frac{1}{3}} \tag{3.17}$$

$$\sigma_r = \left[\frac{F}{\pi L} \left(\frac{R_2 - R_1}{R_1 R_2} \right) \left(\frac{1 - v_1^2}{E_1} + \frac{1 - v_2^2}{E_2} \right)^{-1} \right]^{\frac{1}{2}} \tag{3.18}$$

式中　E_1，E_2——分别为滚子与凹面的弹性模量；

v_1，v_2——分别为滚子与凹面的泊松比；

L——滚轴长度。

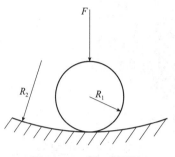

图3.11 球与球凹面

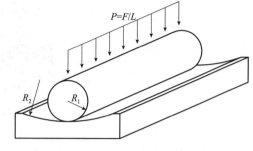

图3.12 圆柱与凹槽

进行滚动隔震装置承载力计算时需满足$(\sigma_s、\sigma_r) < [\sigma_{sp}]$，$[\sigma_{sp}]$为允许最大接触应力，和滚子与凹面的材料相关。

3.3 刚性地基假定下球形储罐滚动隔震体系基本理论及减震分析

3.3.1 球形储罐滚动隔震体系

球形储罐纯滚动隔震体系示意图如图3.13所示，球形储罐支柱与滚动隔震装置之间设计一种装配式工字钢环梁，将球罐支柱约束为整体，在工字钢环梁与钢筋混凝土圈梁基础之间安装滚动隔震装置，形成球形储罐滚动隔震体系。滚动隔震形式设

滚动隔震装置

装配式工字钢环梁

图3.13 球形储罐纯滚动隔震体系示意图

计为单层滚球式滚动隔震，滚动隔震装置如图3.14所示。滚动隔震装置由上下两层带凹面的钢制剪切板以及滚球组成，每个装置均匀布置4组或更多凹面和滚球。凹面可以加工为球形或椭球形。

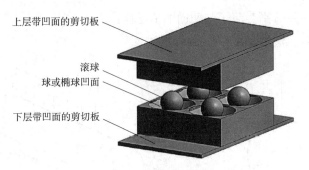

图 3.14 滚球式滚动隔震装置示意图

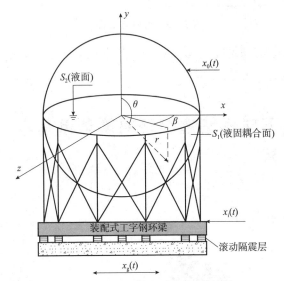

图 3.15 球形储罐滚动隔震体系示意图

同样基于势流理论进行球形储罐纯滚动隔震体系简化动力学模型的建立，提出其地震响应理论分析方法。不考虑场地土的影响，将球形储罐基础假定为刚性地基，同时假定球罐内储液为无旋、无黏、不可压缩的理想流体。建立以球罐中心为原点的坐标体系，如图 3.15 所示。在水平地震作用下储液运动速度势可分解为刚性速度势和对流晃动速度势，记作 $\Phi(x, y, z, t) = \varphi_r(x, y, z, t) + \varphi_s(x, y, z, t)$。根据第 2.2.1 节中的介绍，可分别求解对流晃动速度势 $\varphi_s(r, \theta, \beta, t)$ 和刚性冲击速度势 $\varphi_r(r, \theta, \beta, t)$。

3.3.2 刚性冲击速度势

根据上述假定，刚性冲击速度势 $\varphi_r(r, \theta, \beta, t)$ 应满足 Laplace 方程和如下边界条件：

$$\varphi_r(\beta + 2\pi) = \varphi_r(\beta) \tag{3.19}$$

$$\frac{\partial \varphi_r}{\partial \beta}\Big|_{\beta = 0, \pi} = 0 \tag{3.20}$$

$$\frac{\partial \varphi_r}{\partial r}\Big|_{r = R} = \left[\dot{x}_g(t) + \dot{x}_0(t) + \dot{x}_i(t) \right] \sin\theta \cos\beta \tag{3.21}$$

式中　$r = R$——球罐半径；

$\dot{x}_g(t)$——地面水平运动速度；

$\dot{x}_0(t)$——罐体相对基础的水平运动速度；

$\dot{x}_i(t)$——滚动隔震层水平运动速度。

根据求解 Laplace 方程分离变量法及边界条件可求得刚性速度势：

$$\varphi_r = [\dot{x}_g(t) + \dot{x}_0(t) + \dot{x}_i(t)]r\sin\theta\cos\beta \tag{3.22}$$

3.3.3　对流晃动速度势

球形储罐滚动隔震体系中流体对流晃动速度势满足式(3.23)至式(3.25)所示边界条件。

$$\varphi_s(\beta + 2\pi) = \varphi_s(\beta) \tag{3.23}$$

$$\frac{\partial \varphi_s}{\partial \beta}\big|_{\beta = 0, \pi} = 0 \tag{3.24}$$

$$\frac{\partial \varphi_s}{\partial \beta}\big|_{r = R} = 0 \tag{3.25}$$

不难发现，式(3.23)至式(3.25)与第2.2.3节中抗震状态下对流晃动速度势边界条件一致，则采用与第2.2.3节中相同的方式推导球形储罐滚动隔震体系中流体对流晃动速度势方程，如式(3.26)所示，与式(2.49)一致。

$$\varphi_s(r, \theta, \beta, t) = \dot{x}_c(t)\frac{\boldsymbol{\psi}_1^{\mathrm{T}}\boldsymbol{N}}{m_1}\cos\beta \tag{3.26}$$

3.3.4　刚性地基假定下球形储罐滚动隔震体系简化力学模型

根据式(3.22)及式(3.26)可得球形储罐滚动隔震体系下流体运动总的速度势表达式：

$$\boldsymbol{\Phi} = [\dot{x}_g(t) + \dot{x}_0(t) + \dot{x}_i(t)]r\sin\theta\cos\beta + \dot{x}_c(t)\frac{\boldsymbol{\psi}_1^{\mathrm{T}}\boldsymbol{N}}{m_1}\cos\beta \tag{3.27}$$

则根据式(2.51)及式(2.52)可知水平地震作用下球形储罐滚动隔震体系中流体晃动及动态压力表达式：

$$h_v = -\frac{1}{g}\left([\ddot{x}_g(t) + \ddot{x}_0(t) + \ddot{x}_i(t)]r\sin\theta\cos\beta + \ddot{x}_c(t)\frac{\boldsymbol{\psi}_1^{\mathrm{T}}\boldsymbol{N}}{m_1}\cos\beta\right), \in S_2$$

$$\tag{3.28}$$

$$P = -\rho\left([\ddot{x}_g(t) + \ddot{x}_0(t) + \ddot{x}_i(t)]R\sin\theta\cos\beta + \ddot{x}_c(t)\frac{\boldsymbol{\psi}_1^{\mathrm{T}}\boldsymbol{N}}{m_1}\cos\beta\right), \in S_1$$

式中 ρ——流体密度。

通过将作用于罐壁上的流体动态压力在液固耦合面 S_1 积分，可得由动态水平压力产生的水平方向基底剪力表达式：

$$
\begin{aligned}
Q_1(t) &= -\rho \int_{S_1} \frac{\partial \Phi}{\partial t} \sin\theta \cos\beta \, ds \\
&= m_r[\ddot{x}_g(t) + \ddot{x}_0(t) + \ddot{x}_i(t)] - m_c[\ddot{x}_g(t) + \ddot{x}_0(t) + \ddot{x}_i(t) + \ddot{x}_c(t)]
\end{aligned}
\tag{3.29}
$$

式中：$m_c = \dfrac{\rho \pi R^2}{m_1} \int_{-1}^{c} \psi_1{}^T N(1-a^2)^{\frac{1}{2}} da$ 为对流晃动分量等效质量，近似解析解如式（2.58）所示；$m_r = M_L - m_c$ 为刚性冲击分量等效质量；$M_L = \dfrac{\pi \rho R^3}{3}\left[3\left(\dfrac{H}{R}\right)^2 - \left(\dfrac{H}{R}\right)^3\right]$ 为储液总质量。

采用类似的方法，整理后可得由流体动态压力而产生的作用于支柱底部的倾覆弯矩表达式：

$$
\begin{aligned}
M_1(t) &= -\rho \int_{S_1} \frac{\partial \Phi}{\partial t}[R(1+\cos\theta) + h]\sin\theta \cos\beta \, ds \\
&= m_r h_0[\ddot{x}_g(t) + \ddot{x}_0(t) + \ddot{x}_i(t)] - m_c h_c[\ddot{x}_g(t) + \ddot{x}_0(t) + \ddot{x}_i(t) + \ddot{x}_c(t)]
\end{aligned}
\tag{3.30}
$$

h_0，h_c 分别为刚性冲击分量等效高度以及对流晃动分量等效高度，近似解析解如式（2.59）和（2.60）所示。根据第 2.2.3 节中的介绍，考虑球壳、支承质量、球罐配件等产生的剪力和弯矩后，水平地震激励下，作用于滚动隔震层的基底剪力和倾覆弯矩为：

$$
\begin{aligned}
Q(t) = &-(m_r + m_s)[\ddot{x}_g(t) + \ddot{x}_0(t) + \ddot{x}_i(t)] \\
&- m_c[\ddot{x}_g(t) + \ddot{x}_0(t) + \ddot{x}_i(t) + \ddot{x}_c(t)] \\
&- m_i[\ddot{x}_g(t) + \ddot{x}_i(t)]
\end{aligned}
\tag{3.31}
$$

$$
\begin{aligned}
M(t) = &m_r h_0[\ddot{x}_g(t) + \ddot{x}_0(t) + \ddot{x}_i(t)] \\
&- m_c h_c[\ddot{x}_g(t) + \ddot{x}_0(t) + \ddot{x}_i(t) + \ddot{x}_c(t)] \\
&+ m_s[\ddot{x}_g(t) + \ddot{x}_0(t) + \ddot{x}_i(t)](h + R)
\end{aligned}
\tag{3.32}
$$

其中 m_s 为球壳、支承质量、球罐配件等的等效质量。根据式（3.31）以及式（3.32）可构造出球形储罐纯滚动隔震的简化动力学模型，如图 3.16 所示。

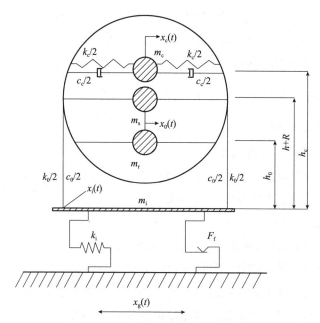

图3.16 球形储罐纯滚动隔震的简化动力学模型

根据 Hamilton 原理，可推得简化动力学模型的运动控制方程：

$$
\begin{bmatrix} m_c+m_i+m_0 & m_c+m_0 & m_c \\ m_0+m_c & m_0+m_c & m_c \\ m_c & m_c & m_c \end{bmatrix} \begin{Bmatrix} \ddot{x}_i(t) \\ \ddot{x}_0(t) \\ \ddot{x}_c(t) \end{Bmatrix} + \begin{bmatrix} 0 & & \\ & c_0 & \\ & & c_c \end{bmatrix} \begin{Bmatrix} \dot{x}_i(t) \\ \dot{x}_0(t) \\ \dot{x}_c(t) \end{Bmatrix}
$$

$$
+ \begin{bmatrix} k_i & & \\ & k_0 & \\ & & k_c \end{bmatrix} \begin{Bmatrix} x_i(t) \\ x_0(t) \\ x_c(t) \end{Bmatrix} = - \begin{Bmatrix} m_c+m_i+m_0 \\ m_c+m_0 \\ m_c \end{Bmatrix} \ddot{x}_g(t) - \begin{Bmatrix} F_f \\ 0 \\ 0 \end{Bmatrix} \qquad (3.33)
$$

其中 k_i 为隔震层等效刚度系数，F_f 为隔震层滚动摩阻力，$m_0 = m_s + m_r$。

3.3.5 算例分析

选取与 2.4.1 节中相同的球形储罐作为算例，进行球形储罐纯滚动隔震状态下地震响应研究。设计初始隔震周期为 $T_i = 3s$。滚子的半径选为 $r = 75mm$。则根据式（3.12）可算得椭球凹面的几何参数 $a = 255mm$，$b = 54mm$，根据式（3.16）可算得球形凹面的曲率半径 $R = 1210mm$，滚动摩阻系数取 $\mu/r = 0.001$。

滚球式滚动隔震滚子与凹面为点接触形式。《滚动轴承额定静荷载》（GB/T 4662—2012）[38]中提出允许滚动体与滚道产生 $0.0001D$ 的永久塑性屈服变形，D

为滚动体的直径。隔震装置采用轴承合金钢材料,弹性模量和泊松比约为207GPa 和 0.3,滚子与凹面最大允许接触应力约为 4800MPa[38]。根据球形储罐及环梁施加于隔震层的竖向荷载约为 5800kN,则可根据式(3.16)计算接触面最大应力。凹面形式为椭球时,按初始位置的曲率半径 $\dfrac{a^2}{b}=1204\mathrm{mm}$ 计算,此时与球凹面曲率半径大致相同。

根据式(3.17)可算得滚球与凹面最大静接触应力随滚球数量的变化曲线,如图 3.17 所示。根据图 3.17 可知隔震层布置 50 个滚球即可满足最大静接触应力小于 4800MPa,从安全性角度考虑建议布置滚球数量不宜小于 300 个,最大静接触应力为 1963.4MPa。

图 3.18 为椭球凹面和球凹面两种滚动隔震装置在球罐以及环梁自重及水平位移激励的恢复力滞回曲线,从图中可以看出滞回曲线几乎是重合的曲线并无明显的耗能滞回环。主要由于滚球和凹槽采用轴承合金钢加工制作,通常具备较高的硬度和较小的滚动摩阻系数,本书取值为 $\mu/r=0.001$。

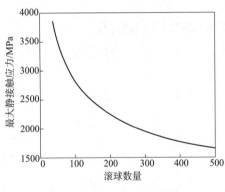

图 3.17 最大静接触应力
随滚球数量的变化曲线

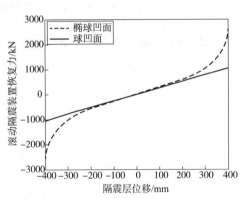

图 3.18 滚动隔震恢复力滞回曲线

3.3.5.1 球形储罐滚动隔震体系减震原理及其减震性能分析

选取Ⅲ类场地 El Centro 波作为水平地震动输入,调整 $PGA=0.4g$。加速度时程曲线以及其频谱特性如图 3.19 及图 3.20 所示。以流体晃动波高、流体动态压力、基底剪力、倾覆弯矩、罐壁加速度和隔震层位移等作为控制目标,采用 Newmark $-\beta$ 时程分析法进行球形储罐滚动隔震地震响应时程分析,对比分析椭球凹面、球凹面滚动隔震的减震效率。

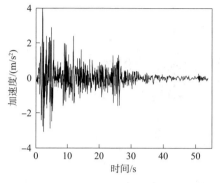

图 3.19 El – Centro 波加速度时程曲线

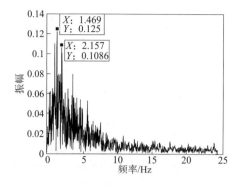

图 3.20 El – Centro 波频谱特性

基底剪力和倾覆弯矩是用于支承体系地震校核的主要参数，包括支柱、拉杆以及地脚螺丝等强度、稳定性校核，是球形储罐地震响应的主要宏观控制目标。图 3.21(a)、图 3.21(b)分别展示了非隔震、椭球凹面、球凹面滚动隔震三种状态下球形储罐的基底剪力与倾覆弯矩时程曲线对比图。从图中可以观察到，采用滚动隔震后球形储罐的基底剪力以及倾覆弯矩大幅度降低，峰值减震率约为86.15%、87.97%，两种形式滚动隔震减震率相对接近。

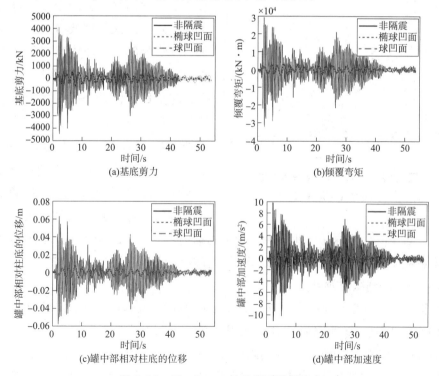

图 3.21 El – Centro 波作用下地震响应

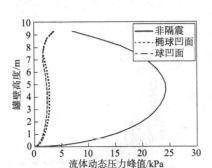
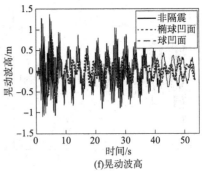

(e)地震作用方向罐壁处流体动态压力峰值　　　　(f)晃动波高

图3.21　El－Centro 波作用下地震响应(续)

图3.21(c)为球形储罐中部相对于柱底基础的位移。非隔震状态下球形储罐罐体相对位移约为64.7mm，而采用椭球凹面滚动隔震或球形凹面滚动隔震后的相对位移分别为7.4mm、6.9mm，减震率分别为88.56%、89.33%。罐体相对位移大幅度减小，说明滚动隔震能有效降低支承体系的变形和内力，避免支承结构变形过大而产生破坏。

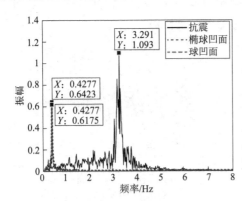

图3.22　El Centro 波作用下罐壁加速度频谱特性

图3.21(d)为球形储罐罐体中部的加速度时程曲线，从图中也可以清晰地观察到采用滚动隔震体系后，罐体加速度明显降低。非隔震时加速度的放大系数为2.72，而椭球凹面滚动隔震或球形凹面滚动隔震时加速度放大系数分别为0.42、0.37，隔震措施有效地隔断了地震能量自下而上的传导。对非隔震、椭球凹面滚动隔震或球形凹面滚动隔震三种状态下球形储罐的罐壁加速度进行频谱特性分析，结果如图3.22所示。抗震状态时罐壁加速度的卓越频率为3.291Hz，两种滚动隔震体系卓越频率均缩短，在0.4227Hz附近，有效地避开了场地的卓越频率(1.49～2.16Hz)，起到减震效果。

图3.21(e)为与地震作用方向平行的罐壁截面处流体动态压力峰值沿罐壁高度的变化曲线。非隔震时流体动态压力最大值出现在罐壁中部位置，约为42.1kPa。考虑滚动隔震后流体动态压力最大值出现于自由液面处，约为3.9kPa，流体动态压力大幅降低。罐壁上部动态压力的减震率小于罐壁中部，此现象也说

明滚动隔震对刚性冲击分量动态压力减震率要高于对流晃动分量。

图3.21(f)展示了地震作用方向自由液面与罐壁交界处的晃动波高，从图中可以看出，采用滚动隔震措施后晃动波高有一定程度的减小，椭球凹面、球凹面滚动隔震减震率约为40.14%、45.78%。相对剪力、弯矩、加速度以及位移来说，晃动波高的减震率略低。主要由于流体晃动属于低频振动，理论计算所得晃动频率为0.3091Hz，与滚动隔震体系结构整体自振频率0.4227Hz较为接近。相对于非隔震结构，滚动隔震体系似乎更容易激发流体的晃动响应。但由于采用滚动隔震后，上部结构整体的地震能量大幅度降低，因此尽管频率较为接近但晃动波高仍然有所减弱。

综合上述数据结果以及分析，可知滚动隔震能有效降低球形储罐的地震响应。同时发现在El-Centro波作用下，椭球凹面滚动隔震减震率略低于球形凹面滚动隔震，两者相差1%~5%。

3.3.5.2　不同隔震周期时球形储罐滚动隔震体系减震分析

研究隔震周期不同时滚动隔震减震效率的差异。改变凹面和滚子的几何参数便可任意调控隔震层的隔震周期 T_i，这是滚动隔震体系的一大优势。可设定滚子半径为75mm，椭圆短轴 $b=54$mm。根据式(3.16)及式(3.12)，通过调整球形凹面的半径 R 和椭球面的长轴 a，使隔震层的初始隔震周期分别为2s、3s、4s、5s，具体参数如表3.1所示。选择第2.4.2节中符合Ⅲ类场地特征的五条天然波和两条人工波作为地震动输入，调整加速度时程曲线峰值为0.4g，进行地震响应参数分析，抗震状态下基底剪力、倾覆弯矩以及晃动波高数值分别为4431.5kN、31842kN·m、1.376m，不同滚动隔震周期状态下各工况计算结果如表3.2所示。

表3.1　不同隔震周期的隔震装置几何参数

几何参数	$T_i=2$s	$T_i=3$s	$T_i=4$s	$T_i=5$s
R/mm	571	1210	2061	3178
b/mm	176	255	334	415

表3.2展示了不同滚动隔震周期时基底剪力、倾覆弯矩、晃动波高以及隔震层位移的峰值。随着隔震周期由2s增大至5s，基地剪力和倾覆弯矩的峰值逐渐降低，减震率逐渐提高，如图3.23所示。隔震周期 $T_i \geq 3$s 时，减震率可达80%以上，尤其隔震周期为5s减震率可达90%以上。然而自由液面的晃动响应受隔震周期影响较小。当采用椭球凹面滚动隔震时，随着设计初始隔震周期的增大隔震层最大偏移逐渐增大，但始终小于球凹面滚动隔震时隔震层位移峰值。

表 3.2　不同隔震周期时球形储罐滚动隔震体系地震响应峰值

输入地震波	地震响应工况	凹面型式	隔震周期			
			$T_i = 2s$	$T_i = 3s$	$T_i = 4s$	$T_i = 5s$
El – Centro 波	基底剪力/kN	椭球凹面	1632.0	613.6	347.5	238.1
		球凹面	1630.2	532.9	339.6	230.5
	倾覆弯矩/ （kN·m）	椭球凹面	10569.0	3591.9	2149.9	1366.6
		球凹面	9995.5	3095.6	2158.7	1313.6
	晃动波高/m	椭球凹面	0.673	0.824	0.682	0.578
		球凹面	0.675	0.746	0.673	0.579
	隔震层位移/m	椭球凹面	0.197	0.198	0.220	0.239
		球凹面	0.267	0.204	0.229	0.241

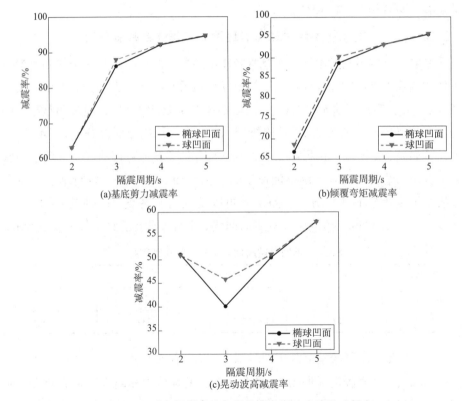

图 3.23　球形储罐滚动隔震体系地震响应峰值减震率

3.3.5.3　不同地震动输入时球形储罐滚动隔震体系减震分析

选择第 2.4.2 节中符合Ⅲ类场地特征的五条天然波和两条人工波作为地震动

输入，调整加速度时程曲线峰值为0.4g。滚动隔震设计初始隔震周期为3s，地震响应峰值(基底剪力、倾覆弯矩及晃动波高)计算结果如表3.3所示。

表3.3 Ⅲ类场地震动响应对比

工况	El-Centro	EMC	TH2TG045	LWD	TH1TG045	人工波1	人工波2	均值	均值减震率/%
h_v抗震/m	1.376	0.648	1.169	1.054	1.133	1.443	2.335	1.308	—
h_v椭圆轨道/m	0.824	0.142	0.491	0.776	0.541	1.410	2.180	0.909	30.49
h_v球形轨道/m	0.810	0.139	0.499	0.745	0.502	1.436	2.357	0.927	29.14
Q抗震/kN	4431.5	2150.7	3398.5	3304.1	3455.8	3432.3	5384.5	3651.1	—
Q椭圆轨道/kN	613.6	156.7	381.1	799.0	424.1	1229.9	2192.0	828.1	77.32
Q球形轨道/kN	532.9	156.4	362.5	702.2	404.1	999.72	1843.3	714.4	80.43
M抗震/(kN·m)	31842	15473	24418	23796	24817	24628	38968	26277	—
M椭圆轨道/(kN·m)	3591.9	962.2	2496.6	4818.4	2649.6	7704.2	15050	5234.7	80.08
M球形轨道/(kN·m)	3095.6	971.1	3711.0	4225.5	2512.0	6178.3	12208	4700.2	82.11
x_i椭圆轨道/m	0.1976	0.0588	0.1386	0.2523	0.1539	0.3287	0.3426	0.2104	—
x_i球形轨道/m	0.2036	0.0589	0.1382	0.2678	0.1544	0.3796	0.6778	0.2686	—

从表3.3中的数据可以看出，在不同地震动作用时考虑滚动隔震后均能有效地减小球形储罐地震动响应，尤其对基底剪力及倾覆弯矩的控制，平均减震率达到了77%~85%。，同时滚动隔震对储液晃动波高也有一定的控制作用。球凹面滚动隔震减震率略高于椭球凹面滚动隔震，但整体上各工况均值减震率相差较小，在5.5%以内。但球凹面滚动隔震时产生的隔震层位移更大，其隔震层位移均值超出椭球凹面滚动隔震时约21.67%。

根据表3.3中数据可以看出，当隔震层位移峰值较小时，两种隔震措施隔震层位移的差异率也相对较小；反之当隔震层位移峰值相对较大时，椭球凹面滚动隔震恢复力呈现较强非线性，能在一定程度上限制隔震层偏移。例如，"人工波2"激励时两种滚动隔震方式隔震层位移分别为0.6778m、0.3426m，差异率达到49.45%。图3.24分别展示了"人工波2"作用时两种滚动隔震隔震周期及隔震层等效刚度随时间变化曲线。从图中可以看出，"人工波2"作用下椭球凹面滚动隔震层恢复刚度变化范围较大，峰值时较初始刚度增加了2.18倍，增强的恢复刚度有效地控制了隔震层位移。说明当隔震层位移较大时，椭球凹面滚动隔震具备一定的限位功能。

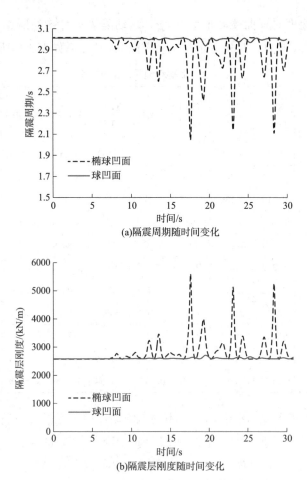

(a)隔震周期随时间变化

(b)隔震层刚度随时间变化

图3.24　"人工波2"作用下隔震周期与刚度

3.4　考虑STLI效应的球形储罐滚动隔震体系基本理论及减震分析

3.4.1　考虑STLI效应的球形储罐滚动隔震体系简化力学模型

考虑场地土–储罐–流体相互作用（STLI）的影响，研究其对球形储罐滚动隔震的影响。采用第2.3节中的场地土模型，假定球罐内储液为无旋、无黏、不可压缩的理想流体。基于势流体理论，储液运动速度势可分解为刚性速度势和对流晃动速度势，记作 $\Phi(x, y, z, t) = \varphi_r(x, y, z, t) + \varphi_s(x, y, z, t)$。根据第

2.3.2 节中的介绍，可分别求解对流晃动速度势 $\varphi_s((r,\theta,\beta,t)$ 和刚性冲击速度势 $\varphi_r(r,\theta,\beta,t)$。

根据第3.3节中内容可知，流体对流晃动分量的推导过程并不受滚动隔震的影响，仅刚性冲击分量的边界条件发生变化。结合 2.3.2 节中的考虑 STLI 效应的球形储罐地震响应简化动力学模型，将带凹面自复位滚动隔震体系应用于球形储罐，同时忽略隔震层的高度影响，则边界条件(2.78)转变为：

$$\frac{\partial \varphi_r}{\partial r}\Big|_{r=R} = \left[\dot{x}_g(t) + \dot{x}_i + \dot{x}_0(t) + \dot{x}_H(t) + (h+R+y)\dot{\alpha}(t)\right]\sin\theta\cos\beta \quad (3.34)$$

式中 $x_i(t)$ 为隔震层相对位移。其他推导条件和过程不变，则水平地震激励下，作用于球形储罐隔震层的基底剪力和倾覆弯矩为：

$$
\begin{aligned}
Q(t) = &-m_r(\ddot{x}_g(t) + \ddot{x}_i(t) + \ddot{x}_0(t) + \ddot{x}_H(t) + h_0\ddot{\alpha}(t)) \\
&-m_c(\ddot{x}_g(t) + \ddot{x}_i(t) + \ddot{x}_0(t) + \ddot{x}_H(t) + h_c\ddot{\alpha}(t) + \ddot{x}_c(t)) \\
&-m_s(\ddot{x}_g(t) + \ddot{x}_i(t) + \ddot{x}_0(t) + \ddot{x}_H(t) + (h+R)\ddot{\alpha}(t)) \\
&-m_r(\ddot{x}_g(t) + \ddot{x}_i(t) + \ddot{x}_H(t))
\end{aligned}
\quad (3.35)
$$

$$
\begin{aligned}
M(t) = &-m_r h_0(\ddot{x}_g(t) + \ddot{x}_i(t) + \ddot{x}_0(t) + \ddot{x}_H(t) + h_0\ddot{\alpha}(t)) \\
&-m_c h_c(\ddot{x}_c(t) + \ddot{x}_g(t) + \ddot{x}_i(t) + \ddot{x}_0(t) + \ddot{x}_H(t) + h_c\ddot{\alpha}(t)) \\
&-m_s(R+h)(\ddot{x}_g(t) + \ddot{x}_0(t) + \ddot{x}_i(t) + \ddot{x}_H(t) + (R+h)\ddot{\alpha}(t)) - I_0\ddot{\alpha}(t)
\end{aligned}
\quad (3.36)
$$

式中 $I_0 = m_r(h+R-h_0)h_0 + m_c(h+R-h_c)h_c - \left(\dfrac{(R+h)(1-c^2)^2}{4} + \dfrac{c^3(3c^2-5)-2}{15}R\right)\pi\rho R^3 + 4\pi\rho_1\dfrac{R_2^5 - R_1^5}{15}$；

ρ_1——罐壁密度。

由式(3.35)和式(3.36)可构造出球形储罐考虑 STLI 效应的简化动力学模型，如图 3.25 所示。

该简化动力学模型的运动控制方程为：

$$\boldsymbol{M}\ddot{\boldsymbol{X}} + \boldsymbol{C}\dot{\boldsymbol{X}} + \boldsymbol{K}\boldsymbol{X} = -\boldsymbol{F} \quad (3.37)$$

忽略隔震层的高度，其中：

$$
\boldsymbol{M} = \begin{bmatrix}
m_c & m_c & m_c & m_c & m_c h_c & 0 \\
m_c & m_c + m_r + m_s & m_c + m_r + m_s & m_c + m_r + m_s & m_c h_c + m_r h_0 + m_s(h+R) & 0 \\
m_c & m_c + m_r + m_s & m_c + m_r + m_s + m_l & m_c + m_r + m_s + m_l & m_c h_c + m_r h_0 + m_s(h+R) & 0 \\
m_c & m_c + m_r + m_s & m_c + m_r + m_s + m_l & m_c + m_r + m_s + m_l & m_c h_c + m_r h_0 + m_s(h+R) & 0 \\
m_c h_c & m_c h_c + m_r h_0 + m_s(h+R) & m_c h_c + m_r h_0 + m_s(h+R) & m_c h_c + m_r h_0 + m_s(h+R) & m_c h_c^2 + m_r h_0^2 + m_s(h+R)^2 + I + I_l & 0 \\
0 & 0 & 0 & 0 & 0 & I\varphi
\end{bmatrix};
$$

$$C = \begin{bmatrix} C_c & & & & & \\ & C_o & & & & \\ & & 0 & & & \\ & & & C_H & & \\ & & & & C_a + C_\varphi & -C_\varphi \\ & & & & C_\varphi & C_\varphi \end{bmatrix} ; \quad K = \begin{bmatrix} k_c & & & & & \\ & k_0 & & & & \\ & & k_i & & & \\ & & & k_H & & \\ & & & & k_a & \\ & & & & & 0 \end{bmatrix} ;$$

$$X = \begin{Bmatrix} x_c \\ x_0 \\ x_i \\ x_H \\ x_a \\ x_\varphi \end{Bmatrix} ; \quad F = \begin{Bmatrix} m_c \\ m_c + m_r + m_s \\ m_c + m_r + m_s + m_i \\ m_c + m_r + m_s + m_i + m_f \\ m_c h_c + m_r h_0 + m_s (h + R) \\ 0 \end{Bmatrix} x_g + \begin{Bmatrix} 0 \\ 0 \\ F_f \\ 0 \\ 0 \\ 0 \end{Bmatrix}$$

式中　k_i——隔震层等效刚度系数；

F_f——隔震层滚动摩阻力。

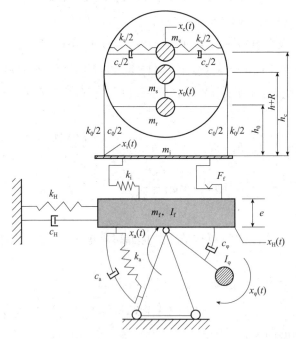

图 3.25　考虑 STLI 效应的球形储罐滚动隔震简化动力学模型

3.4.2　算例分析

选取 2.4.1 节中的球形储罐作为研究对象，设计的隔震周期同样为 $T_i = 3\mathrm{s}$。滚动隔震方式选择定曲率球形凹面滚球式滚动隔震，凹面曲率半径 $R = 1210\mathrm{mm}$，

滚球半径为 $r = 75\text{mm}$。球形储罐位于Ⅲ类场地，场地土物理参数如表 2.2 所示。根据式（2.99）、（2.100）即可算得球形储罐所在处场地土等效剪切波速 $v_s = 140.96\text{m/s}$，场地土等效泊松比为 $v = 0.35$，场地土密度可按式（2.101）计算，计算结果为 $\rho = 16842\text{kg/m}^3$。基础埋置深度 $e = 0$，基础结构半径 $r = 6.55\text{m}$。

则根据 2.3.1 节中式（2.70）~（2.75）可分别算得水平平动刚度系数和阻尼系数（k_H、c_H），转动刚度系数和阻尼系数（k_α、c_α）以及附加的自由度质量惯性矩和阻尼参数（I_φ、c_φ）。

选取图 2.10 中七条Ⅲ类场地波作为水平地震动输入，调整 PGA $= 0.4g$。以基底剪力、倾覆弯矩、隔震层位移等作为控制目标，采用 Newmark $-\beta$ 时程分析法进行滚动隔震地震响应时程分析。基于刚性地基假定与考虑 STLI 效应的球形储罐地震响应峰值对比如表 3.4 所示。

根据表中数据可知，采用滚动隔震后球形储罐的地震响应受 STLI 效应的影响较小，两者计算剪力、弯矩及隔震层位移的差异率最大约为 5%。由于滚动隔震层水平侧向等效刚度远小于场地土等效侧向刚度，因此场地土对滚动隔震结构体系自振周期影响极小。采用滚动隔震措施后（隔震周期 $T_i = 3\text{s}$）不考虑场地土、考虑场地土影响时结构基本自振周期分别为 2.366s、2.362s，基本保持一致。说明采用滚动隔震后，有效地隔断了上部结构与场地土之间的耦联，弱化了 STLI 效应对上部结构的影响。

表 3.4　球形储罐采用滚动隔震后地震响应峰值对比

工况	El – Centro	EMC	TH2TG 045	LWD	TH1TG 045	人工波 1	人工波 2
基底剪力（刚性地基）/kN	532.9	156.4	362.5	702.2	404.1	999.72	1843.3
基底剪力（STLI）/kN	518.5	158.8	357.8	683.4	396.2	977.8	1822.3
差异率/%	2.70	− 1.53	1.30	2.68	1.96	2.19	1.13
倾覆弯矩（刚性地基）/kN·m	3095.6	971.1	3711.0	4225.5	2512.0	6178.3	1220.8
倾覆弯矩（STLI）/kN·m	2971.6	975.6	3688.0	4069.8	2470.0	5901.1	1199.9
差异率/%	4.01	− 0.46	0.62	3.68	1.67	4.49	1.71

工况	El – Centro	EMC	TH2TG 045	LWD	TH1TG 045	人工波 1	人工波 2
隔震层位移（刚性地基）/m	0.204	0.059	0.138	0.268	0.154	0.380	0.678
隔震层位移（STLI）/m	0.202	0.062	0.139	0.265	0.154	0.376	0.679
差异率/%	0.98	− 5.08	0.72	1.12	0	1.05	− 0.15

3.5 附加铅阻尼器的球形储罐复合滚动隔震基本理论及减震分析

3.5.1 新型装配式铅芯阻尼器构造

从 3.2.1 节中滚动隔震装置的恢复力模型可知，滚动隔震体系的恢复力主要由弹性恢复力和滚动摩阻力构成，而通常情况下滚动摩阻力较小，因此隔震层的耗能机制相对较弱。较弱的耗能机制会影响滚动隔震装置的减震性能，当遭遇强震时有可能发生较大的隔震层偏移，不利于结构安全。为了限制滚动装置的偏移，有学者提出了限位装置——滚珠滚动组合隔震体系[39,40]，旨在通过装配额外的弹簧、软钢、SMA 等原件达到限制隔震层位移的目的。因此本节基于滚动隔震、金属阻尼器耗能减震组合运用的结构控制思想，提出了一种附加的装配式铅芯阻尼器，通过与滚动隔震并联组合形成新型的复合滚动隔震装置。

铅是一种廉价、稳定、实用的金属阻尼材料。铅的塑性变形能力非常强，且因为其具有动态再结晶等的特点，因此常被用于制作阻尼器。目前利用铅制作的阻尼器可分为挤压式铅阻尼器，剪切型铅阻尼器及弯曲型铅阻尼器（圆柱形铅阻尼器和异型铅阻尼器）。但由于铅的不易焊接性，铅阻尼器的构造通常为装配式。因此本书根据滚动隔震体系的特点设计了一种可拆卸、可更换的装配式铅芯阻尼器，其构造如图 3.26 所示。装配式铅芯阻尼器主要原件有"哑铃"形铅芯、钢制上下部套筒、橡胶圈、钢制上下部固定圈以及滑动剪切板。其中滑动剪切板与工字钢环梁下翼缘通过螺栓连接，可在上部套筒上下滑动，以消解凹面滚动时带来的竖向位移，水平方向通过接触约束上部套筒。

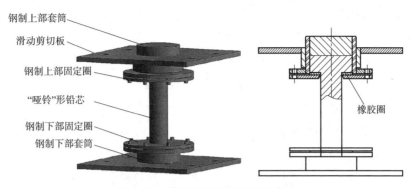

钢制上部套筒
滑动剪切板
钢制上部固定圈
"哑铃"形铅芯
钢制下部固定圈
钢制下部套筒

橡胶圈

图 3.26 装配式铅芯阻尼器示意图

3.5.2 附加装配式铅芯阻尼器复合滚动隔震恢复力力学模型

铅芯阻尼器与滚动隔震装置并联使用的装配示意图如图 3.27 所示。隔震层上部竖向荷载主要由滚动隔震装置承担。当遭遇小幅地震或大风天气时铅阻尼器的初始刚度和滚动装置的"起滚力"保证上部结构和隔震层不会出现较大振动。当遭遇强震时受上部结构惯性力作用,滚动隔震装置带动铅阻尼器发生水平位移,铅芯进入塑性阶段,在往复的位移中消耗地震能量。

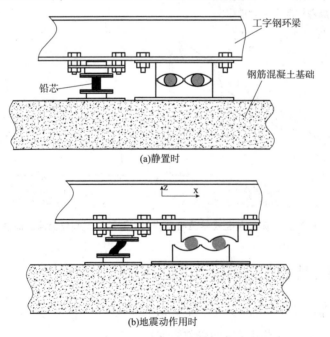

工字钢环梁

钢筋混凝土基础

铅芯

(a)静置时

(b)地震动作用时

图 3.27 附加铅阻尼器滚动隔震装置示意图

铅芯的恢复力模型可采用等效双线性模型或 Bouc – Wen 光滑型恢复力模型，本书采用 Bouc – Wen 光滑型恢复力模型：

$$F_1 = \alpha k_1 x + (1 - \alpha) k_1 z \tag{3.38}$$

$$\dot{z} = A\dot{x} - \beta |\dot{x}| |z|^{\mu - 1} z - \gamma \dot{x} |z|^{\mu} \tag{3.39}$$

式中 k_1——铅芯的弹性刚度；

α——屈服后与屈服前的水平刚度之比；

z——滞变位移；

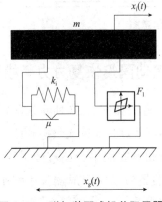

图 3.28　附加装配式铅芯阻尼器
复合滚动隔震恢复力力学模型

A，B，γ，μ 等参数可通过参数识别得到。

结合滚动装置恢复力模型，可知附加铅阻尼器环梁滚动隔震装置的恢复力为：

$$F = k_i x + F_f + \alpha k_1 x + (1 - \alpha) k_1 z \quad (3.40)$$

附加装配式铅芯阻尼器限位装置的滚动隔震力学模型和恢复力滞回曲线如图 3.28、3.29 所示。附加装配式铅芯阻尼器后隔震层恢复力滞回曲线形成饱满的滞回环，有效提高了滚动隔震的耗能机制。

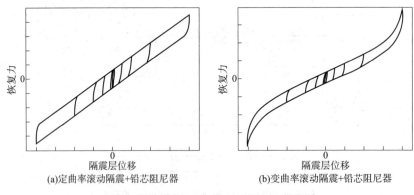

(a)定曲率滚动隔震+铅芯阻尼器　　　　(b)变曲率滚动隔震+铅芯阻尼器

图 3.29　附加装配式铅芯阻尼器复合滚动隔震恢复力滞回曲线

3.5.3　装配式铅芯阻尼器设计方法

铅阻尼器尺寸以及布置数量需根据球形储罐实际工程核算确定。根据滞回耗能等效原则，单个铅芯阻尼器的等效阻尼比为[41]：

$$\zeta_1 = \frac{W_d}{4\pi W_{sd}} \tag{3.41}$$

式中　W_d——铅芯阻尼器在单一滞回循环内消耗的能量；

　　　W_{sd}——阻尼器在同一振动循环内最大弹性应变能。

若采用弹塑性模型模拟铅阻尼器，则铅芯阻尼器的等效阻尼比可写作：

$$\zeta_1 = \frac{2(1-\alpha)(\mu-1)}{\pi\mu(1+\alpha\mu-\alpha)} \tag{3.42}$$

式中　$\mu = \dfrac{X\max}{x_b}$，为阻尼器最大变形与屈服位移的比值；

　　　α——屈服后与屈服前的水平刚度之比。

而铅阻尼器为整个滚动隔震体系提供的附加等效阻尼比可按下式计算：

$$\zeta_{il} = \kappa\zeta_1 \tag{3.43}$$

$$\kappa = \frac{W_l}{W_i + W_l} \tag{3.44}$$

其中 κ 记作刚度比例参数，W_i 为滚动隔震装置在同一振动循环内等效弹性应变能。可将式(3.44)简化为等效刚度的表达式：

$$\kappa = \frac{k_{el}}{k_i + k_{el}} \tag{3.45}$$

式中　　　　k_{el}——阻尼器等效刚度；

　　　　　　k_i——滚动隔震恢复刚度，按初始位置计算，

$k_i = \dfrac{W}{2(R-r)}$，W——隔震层上部正压力。

据文献[41–43]中关于位移型阻尼器等效刚度的计算方法：

$$k_{el} = \frac{1+\alpha\mu-\alpha}{\mu}k_1 \tag{3.46}$$

式中　k_1——铅芯处于弹性阶段时的等效侧向刚度。

根据前文所述，仅采用滚动隔震措施时隔震层承受的最大基底剪力可表示为：

$$Q_{max} = k_i x_{imax} + F_f \tag{3.47}$$

而滚动摩擦力通常很小，忽略其影响，可将式(3.47)简写为：

$$Q_{max} = k_i x_{imax} \tag{3.48}$$

考虑铅芯阻尼器后，引入阻尼器等效刚度参数，则隔震层的基底剪力可表示为：

$$Q'_{max} = (k_i + k_{el}) x_{imax} \tag{3.49}$$

将隔震层位移设定为目标参数，假定考虑铅芯阻尼器后隔震层最大位移为纯滚动时的 λ_x 倍，记作 $x_{imax} = \lambda_x x_{imax}$。同时也可以将剪力与等效刚度按此形式表示：$Q'_{max} = \lambda_Q Q_{max}$，$k_{el} = \lambda_x k_i$。为满足预期的控制目标，则式（3.49）可以写作：

$$\frac{\lambda_Q}{1 + \lambda_k} \leqslant \lambda_x \tag{3.50}$$

λ_Q 随 λ_k 的大小而变化。考虑滚动隔震后为简化计算可将上部储罐简化为一个单质点体系，其自振周期等于隔震周期 $T = T_i = 2\pi \sqrt{\dfrac{m}{k_i}}$，$m$ 为隔震层上部结构总质量。附加阻尼器后的自振周期 $T' = T'_i = 2\pi \sqrt{\dfrac{m}{(1 + \lambda_k) k_i}}$。

铅阻尼器设计时，根据实际情况选定一个目标参数 λ_x，以及一个控制参数 λ_k。将储罐简化为单质点体系，结合反应谱法分别算得 Q_{max}、Q'_{max}，进而算得 λ_Q。将计算所得参数代入式（3.50），若满足条件则可初步确定阻尼器等效刚度。若不满足条件，则重新选择控制参数，重复上述计算过程，直至满足式（3.50），计算流程如图 3.30 所示。

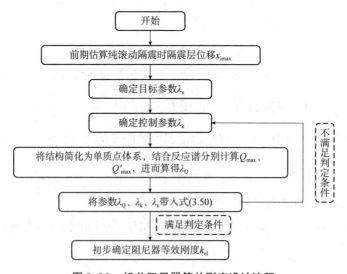

图 3.30　铅芯阻尼器等效刚度设计流程

据式（3.45）即可算得铅芯处于弹性阶段时的等效侧向刚度。由于在往复振动过程中铅芯阻尼器可能同时发生剪切变形和弯曲变形，因此其弹性阶段等效侧向刚度可近似地写作：

$$\frac{k_1}{n} = \frac{k_{1s}k_{1h}}{k_{1s} + k_{1b}} \tag{3.51}$$

式中，$k_{1s} = \dfrac{G_1 A_1}{H_1}$；$k_{1b} = \dfrac{E_1 I_1}{H_1^3}$；$n$ 为阻尼器布置数量。其中 G_1，E_1 为铅芯剪切模量和弹性模量；A_1，I_1 为铅芯截面积和惯性矩，可根据实际工程情况首先确定铅芯阻尼器的有效高度 H_1 和布置数量，为防止阻尼器破坏，建议 $H_1 \geqslant 0.25 x_{i\,\mathrm{max}}$。进而根据式(3.53)可算得单个阻尼器的直径 D。最后可根据时程分析法验算附加铅芯阻尼器的效能是否满足要求。建立铅芯的有限元数值仿真模型，并进行拟静力滞回仿真实验，通过对阻尼力滞回曲线的参数识别获取 Bouc - Wen 光滑型恢复力模型的参数。结合简化动力学模型和时程分析方法，进行地震响应时程分析，验算附加铅芯阻尼器的效能。

3.5.4　附加铅阻尼器的球形储罐复合滚动隔震简化动力学模型

通过在装配式工字钢环梁与混凝土基础之间装置适量铅芯阻尼器，使滚动隔震装置与铅芯阻尼器形成并联组合的复合滚动隔震层，如图 3.31 所示。据此可建立附加铅阻尼器球形储罐复合滚动隔震的简化动力学模型，如图 3.32 所示。

图 3.31　球形储罐复合滚动
隔震体系示意图

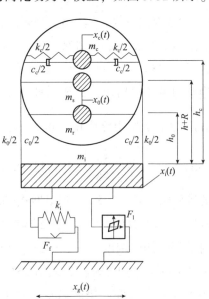

图 3.32　球形储罐复合滚动
隔震的简化动力学模型

根据 Hamilton 原理，可推得简化动力学模型的运动控制方程：

$$
\begin{bmatrix} m_c + m_i + m_0 & m_c + m_0 & m_c \\ m_0 + m_c & m_c + m_0 & m_c \\ m_c & m_c & m_c \end{bmatrix} \begin{Bmatrix} \ddot{x}_i(t) \\ \ddot{x}_0(t) \\ \ddot{x}_c(t) \end{Bmatrix} + \begin{bmatrix} 0 & & \\ & c_0 & \\ & & c_c \end{bmatrix} \begin{Bmatrix} \dot{x}_i(t) \\ \dot{x}_0(t) \\ \dot{x}_c(t) \end{Bmatrix}
$$

$$
+ \begin{bmatrix} k_i & & \\ & k_0 & \\ & & k_c \end{bmatrix} \begin{Bmatrix} x_i(t) \\ x_0(t) \\ x_c(t) \end{Bmatrix} = - \begin{Bmatrix} m_c + m_i + m_0 \\ m_c + m_0 \\ m_c \end{Bmatrix} \ddot{x}_g(t) - \begin{Bmatrix} F_f + F_l \\ 0 \\ 0 \end{Bmatrix} \tag{3.52}
$$

其中 $m_0 = m_s + m_r$。

3.5.5 算例分析

选取 2.4 节中的球形储罐作为研究对象，滚动隔震形式选取球凹面滚动隔震，凹球曲率半径 $R = 1210\,\text{mm}$，滚子半径 $r = 75\,\text{mm}$，取滚动摩阻系数 $\dfrac{\mu}{r} = 0.001$。设计初始滚动隔震周期为 $T_i = 3.0\,\text{s}$。

根据 3.5.3 节中装配式铅阻尼器设计方法和流程，首先设定目标参数 $\lambda_x = 0.5$。初选控制参数 $\lambda_k = 0.8$，则附加铅芯阻尼器后隔震层的周期 $T_i' = 2.24\,\text{s}$。根据文献[45]可知，通常情况下铅阻尼器的延性系数 $\mu \geqslant 20$。本书取 20，$\alpha = 0.05$。根据式（3.43）、（3.44）、（3.45）可算得附加等效阻尼比 $\zeta_{il} = 13.1\%$。球形储罐场地类型为Ⅲ类场地，特征周期 $T_g = 0.65\,\text{s}$。则根据《建筑抗震设计规范》（GB 50011—2010）[46] 中反应谱，可计算出参数 $\lambda_Q = \dfrac{Q_{max}}{Q_{max}} = 0.8157$。将各参数带入式（3.50）可得：$\dfrac{0.8157}{(1 + 0.8)} = 0.4532 \leqslant 0.5$，满足判定条件。可初步确定铅阻尼器的总的等效刚度 $k_{el} = 0.8k_i$，则根据式（3.51）可算得铅芯处于弹性阶段时的等效侧向刚度 $nk_1 = 8.21k_i$。预期布置 5 组阻尼器，则可得单个铅芯阻尼器处于弹性阶段时的等效侧向刚度 $k_1 = 1.642k_i$。根据预期隔震层偏移，选定铅芯有效高度 $H_1 = 300\,\text{mm}$，铅的弹性模量取 16.5GPa，泊松比取 0.42，可估算阻尼器直径 D 约为 100mm。装配式铅芯阻尼器的其他几何参数可根据实际情况和需求自行设定。

根据上述计算所得铅芯几何尺寸，建立其有限元数值仿真模型，并进行拟静力滞回仿真实验，通过对阻尼力滞回曲线的参数识别获取 Bouc - Wen 光滑型恢复力模型的参数。基于大型有限元软件 ADINA 建立铅芯有限元数值仿真模型。有限元模型采用 3D Solid 单元组，材料模型为典型的弹塑性模型，屈服强度为 14MPa，泊松比为 0.42。网格大小通过试算优化所得，为 4mm。有限元模型如图 3.33 所示。

图 3.33　铅芯有限元数值仿真模型

由于铅芯阻尼器顶部未承受竖向荷载，则拟静力滞回仿真实验仅在其顶部施加如图 3.34 所示的正弦位移激励 $y = A\sin\left(\dfrac{\pi}{2}t\right)$。铅芯阻尼力滞回曲线如图 3.35 所示。

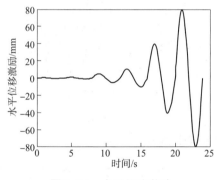

图 3.34　水平位移激励

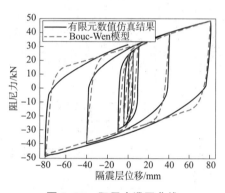

图 3.35　阻尼力滞回曲线

Bouc – Wen 模型参数如表 3.5 所示。附加铅芯阻尼器后滚动隔震装置恢复力滞回曲线如图 3.36 所示。

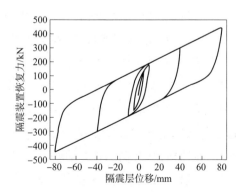

图 3.36　附加铅芯阻尼器后复合滚动隔震装置恢复力滞回曲线

表 3.5　Bouc – Wen 模型参数

	A	β	γ	μ	$k_1/(\text{N/m})$	α
参数值	1.7	179.265	72.68	1	4590450	0.05

以 PGA $= 0.4g$ 的 El – Centro 波作为地震动输入，进行地震响应时程分析，研究附加铅芯阻尼器后对滚动隔震减震效率的影响，计算结果如图 3.37、图 3.38 以及表 3.6 所示。

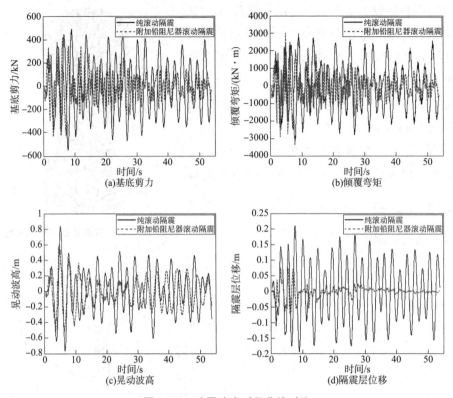

图 3.37　地震响应时程曲线对比

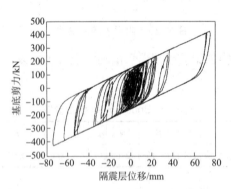

图 3.38　基底剪力滞回曲线

图 3.37(a)，3.37(b)分别为基底剪力与倾覆弯矩时程曲线。从图中可以看出相对纯滚动隔震来说，附加铅阻尼器的复合滚动隔震基底剪力与倾覆弯矩时程曲线过峰值后衰减较快，且根据表3.6中数据可知，复合滚动隔震基底剪力与倾覆弯矩的峰值略有降低。尽管附加铅阻尼器后隔震层等效刚度增大导致隔震层隔震周期减小，但由于铅阻尼器的滞回耗能提高了隔震层的耗能机制，隔震层等效阻尼比提高，抵消了由于隔震周期减小带来的不利影响。图 3.38 为附加铅阻尼器后基底剪力滞回曲线。由此可得，经过合理地设计，附加铅阻尼器后能够提高滚动隔震的减震效率。图 3.37(c)展示了地震作用方向自由液面与罐壁交界处的晃动波高，附加铅阻尼器后在一定程度上抑制了流体的晃动幅度，晃动峰值减少了约22.63%。

图 3.37(d)为隔震层位移时程曲线,从图中可以看出附加铅阻尼器后隔震层位移大幅度降低,峰值由 0.2036m 减小至 0.0752m,减幅 63.06%,超过了预期设定的减幅 50%目标。且从图中可知复合滚动隔震的隔震层位移过峰值后快速衰减至平衡位置,减少了隔震层的震荡。由此也说明附加铅阻尼器后最主要的效能是大幅降低隔震层位移,避免滚动隔震层偏移过大造成隔震装置自身的破坏以及储罐管线等连接处破坏。

表 3.6 地震响应峰值

工况	基底剪力/kN	倾覆弯矩/kN·m	晃动波高/m	隔震层位移/m
纯滚动隔震	532.9	3095.6	0.8096	0.2036
附加铅阻尼器复合滚动隔震	428.5	3078.3	0.6264	0.0752

3.6 附加摩擦阻尼器的球形储罐复合滚动隔震基本理论及减震分析

3.6.1 新型压缩弹簧滑动摩擦阻尼器装置结构设计

基于滚动隔震、滑动摩擦阻尼器耗能减震组合运用的结构控制思想,提出了一种由压缩弹簧提供正压力的滑动摩擦阻尼器,通过与滚动隔震并联组合形成新型的复合滚动隔震装置。滑动摩擦阻尼器由滑块、压缩弹簧、活塞杆、套筒等构成,其结构示意图如图 3.39 所示。

其中下滑块、压缩弹簧、活塞杆、套筒作为一个整体与底板连接,上滑块与上部结构连接。通过压缩弹簧的压缩给滑块的摩擦面提供正压力,当上部滑块随隔震层在水平方向往复振动时,摩擦面会提供一个与运

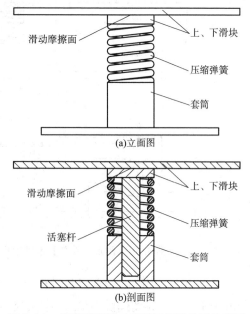

图 3.39 压缩弹簧滑动摩擦阻尼器装置示意图

动方向相反的滑动摩擦力，在往复的滑动过程中消耗地震能量。

3.6.2 附加滑动摩擦阻尼器的复合滚动隔震基本原理及其恢复力力学模型

基于滚动隔震与耗能阻尼器并联组合的结构控制思想，将新型滑动摩擦阻尼器与滚动隔震装置并联组合，形成滚动－滑动双摩擦协同耗能机制的复合滚动隔震层；新型滑动摩擦阻尼器中活塞式的构造型式使压缩弹簧仅可发生竖向伸缩变形，通过调整弹簧压缩刚度及预压缩量可控制滑动接触面的正压力，在已知滑动摩擦系数条件下实现阻尼器输出滑动摩擦力的可设计。隔震装置在不同状态下的示意图如图 3.40 所示。

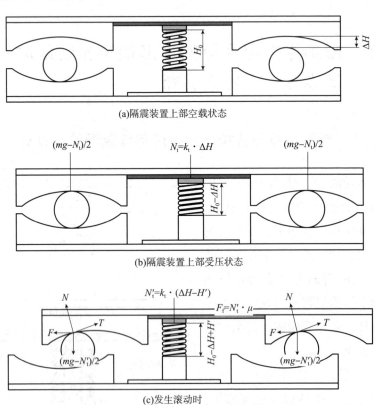

(a)隔震装置上部空载状态

(b)隔震装置上部受压状态

(c)发生滚动时

图 3.40　附加压缩弹簧滑动摩擦阻尼器复合滚动隔震示意图

图 3.40(a)为隔震装置空载时状态，此时压缩弹簧的总长度为 H_0，上部凹面与滚子不接触，预留间隙 ΔH。当隔震装置上部受压时，弹簧压缩，直至上部凹

面与滚子接触受载。如图 3.40(b)所示，假定上部压力为 mg，弹簧等效刚度为 k_t，上部凹面与滚子接触受载后，弹簧实际压缩量为 ΔH，则滑块摩擦面所受正压力为 $N_t = k_t \Delta H$ 滚动隔震装置承受正压力 $mg - N_t$。摩擦面的静摩擦力给隔震层提供了一定的起滚力，确保上部结构在小震或大风天气时不发生较大滚动偏移。

当遭遇较大地震时，滚动隔震装置发生滚动，如图 3.40(c)所示，此时隔震装置的恢复力除滚动装置的自复位力外，摩擦面还会提供一个与运动方向相反的滑动摩擦力。根据滚动装置的结构，发生滚动时上部结构除了发生水平偏移外，还会产生一个相对较小的竖向位移，因此弹簧的压缩量也会随之变化，进而影响摩擦面的正压力大小。所以当滚动装置发生滚动时，摩擦面的正压力以及提供的水平方向滑动摩擦力为：

$$N_t' = k_t(\Delta H - H') \tag{3.53}$$

$$F_{fs} = N_t'\mu \tag{3.54}$$

式中 H'——由于滚动引起的竖向位移；

μ——滑动摩擦系数。

根据上述内容可知，附加压缩弹簧滑动摩擦阻尼器的滚动隔震装置的恢复力可表示为：

$$F = kx_i + F_f + F_{fs} = kx_i + F_f + N_t'\mu \operatorname{sgn}(\dot{x}_t) \tag{3.55}$$

附加压缩弹簧滑动摩擦装置的滚动隔震力学模型和恢复力滞回曲线如图 3.41、图 3.42 所示。附加滑动摩擦阻尼器后隔震层恢复力滞回曲线形成饱满的滞回环，有效提高了滚动隔震的耗能机制。

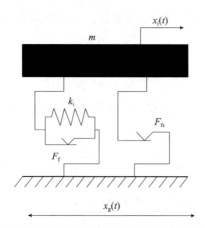

图 3.41 附加压缩弹簧滑动摩擦阻尼器复合滚动隔震恢复力力学模型

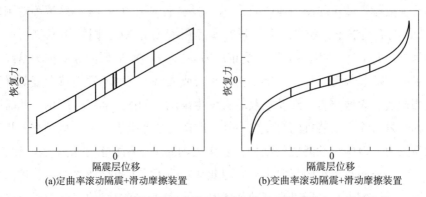

(a)定曲率滚动隔震+滑动摩擦装置　　　　　(b)变曲率滚动隔震+滑动摩擦装置

图3.42　附加压缩弹簧滑动摩擦阻尼器复合滚动隔震恢复力滞回曲线

3.6.3　压缩弹簧滑动摩擦阻尼器的设计方法

压缩弹簧滑动摩擦阻尼器装置的设计首先需确定整体隔震体系所需的滑动摩擦力 F_{fs}，同样可采用3.5.3节中等效阻尼比法。将滚动隔震装置与摩擦装置看作一个整体，则复合滚动隔震层的等效阻尼比为：

$$\zeta_f = \frac{W_{fs}}{4\pi W_{sd}} \tag{3.56}$$

式中　W_{fs}——隔震层在一个滞回循环内消耗的能量；

　　　　W_{sd}——隔震层在同一振动循环内最大弹性应变能。

由于滑动摩擦装置并未提供刚度参数，且忽略滚动摩擦的影响，则可得：

$$W_{sd} = \frac{1}{2}k_i x_i^2 \tag{3.57}$$

$$W_{fs} = 4F_{fs}x_i \tag{3.58}$$

假定隔震层上部竖向荷载为 W，摩擦装置上部承担的正压力为 λW，根据3.2节中的推导可知

$$k_i = (1-\lambda)Wf(x_i) \tag{3.59}$$

$$F_{fs} = \lambda W \mu \text{sgn}(\dot{x}_i) \tag{3.60}$$

根据式(3.57)~式(3.60)，可将式(3.56)转换为：

$$\zeta_f = \frac{2\lambda\mu}{\pi(1-\lambda)f(x_i)x_i} \tag{3.61}$$

等效阻尼比与压力比 λ、滑动摩擦系数 μ 以及隔震层位移 x_i 相关。

纯滚动隔震时总的基底剪力的表达式可以写作：

$$Q_{max} = k_i x_{imax} \tag{3.62}$$

附加滑动摩擦阻尼器后，隔震层的基底剪力可表示为：

$$Q'_{max} = k_i x'_{imax} + F_{fs} \tag{3.63}$$

以隔震层位移为目标参数，假定考虑滑动摩擦阻尼器后隔震层的位移为纯滚动时的 λ_x 倍，记作 $x'_{imax} = \lambda_x x_{imax}$，则可得判定公式：

$$\frac{Q'_{max} - F_{fs}}{Q_{max}} \leqslant \lambda_x \tag{3.64}$$

采用与 3.5.3 节中相似的方法，滑动摩擦阻尼器设计时，根据实际情况选定目标参数 λ_x。将储罐简化为单质点体系，结合反应谱法可算得 Q_{max}，进而可算得 $x_{imax} \dfrac{Q_{max}}{k_i}$，则式(3.61)中等效阻尼比公式可写作：

$$\zeta_f = \frac{2\lambda\mu}{\pi(1-\lambda)f(\lambda_x x_{imax})\lambda_x x_{imax}} \tag{3.65}$$

选定摩擦滑块材料，可获得滑动摩擦面滑动摩擦系数 μ。选定压力比 λ 作为控制参数，将储罐简化为单质点体系，结合反应谱法可算得 Q'_{max}。将计算结果代入式(3.64)，若满足条件则可初步确定滑动摩擦力和压力比。若不满足条件，则重新选择控制参数，重复上述计算过程，直至满足式(3.64)。根据压力比即可算得压缩弹簧装置承担的正压力 N_t。假定隔震层共装置 n 个弹簧，则单个弹簧承担的正压力为 N_t/n。根据此正压力，参照《机械设计手册轴弹簧》[44]设计压缩弹簧的具体尺寸，并确定预留间隙 ΔH。滑动摩擦装置的活塞杆、套筒、滑块等的尺寸及构造可根据实际工程情况自行设定。最后可根据时程分析法验算附加压缩弹簧滑动摩擦装置是否满足要求。压缩弹簧滑动摩擦阻尼器设计流程如图 3.43 所示。

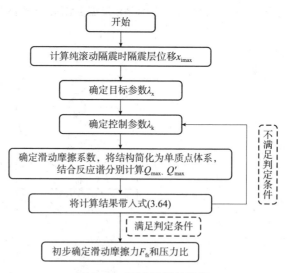

图 3.43　压力比设计流程

3.6.4 附加滑动摩擦阻尼器的球形储罐复合滚动隔震简化 动力学模型

附加滑动摩擦阻尼器的球形储罐复合滚动隔震体系结构示意图如图 3.44 所示。根据附加滑动摩擦阻尼器的复合滚动隔震恢复力力学模型可进一步建立附加滑动摩擦阻尼器的球形储罐复合滚动隔震体系简化力学模型，如图 3.45 所示。

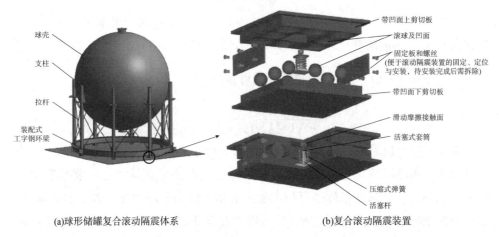

(a)球形储罐复合滚动隔震体系　　　　　　　(b)复合滚动隔震装置

图 3.44　附加滑动摩擦阻尼器的球形储罐复合滚动隔震体系

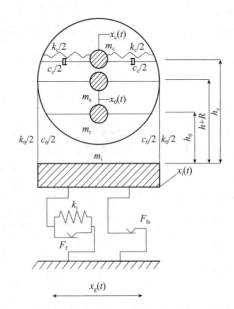

图 3.45　附加滑动摩擦阻尼器的球形储罐复合滚动隔震体系简化力学模型

根据 Hamilton 原理，可推得简化动力学模型的运动控制方程：

$$
\begin{bmatrix} m_c+m_i+m_0 & m_c+m_0 & m_c \\ m_0+m_c & m_c+m_0 & m_c \\ m_c & m_c & m_c \end{bmatrix} \begin{Bmatrix} \ddot{x}_i(t) \\ \ddot{x}_0(t) \\ \ddot{x}_c(t) \end{Bmatrix} + \begin{bmatrix} 0 & & \\ & c_0 & \\ & & c_c \end{bmatrix} \begin{Bmatrix} \dot{x}_i(t) \\ \dot{x}_0(t) \\ \dot{x}_c(t) \end{Bmatrix}
$$
$$
+ \begin{bmatrix} k_i & & \\ & k_0 & \\ & & k_c \end{bmatrix} \begin{Bmatrix} x_i(t) \\ x_0(t) \\ x_c(t) \end{Bmatrix} = - \begin{Bmatrix} m_c+m_i+m_0 \\ m_c+m_0 \\ m_c \end{Bmatrix} \ddot{x}_g(t) - \begin{Bmatrix} F_f+F_{fs} \\ 0 \\ 0 \end{Bmatrix}
$$

(3.66)

其中 $m_0=m_s+m_r$。

3.6.5　算例分析

选取 2.4 节中的球形储罐作为研究对象，滚动隔震形式选取球凹面滚动隔震，设计初始滚动隔震周期 $T_i=3.0\mathrm{s}$，滚子半径 $r=50\mathrm{mm}$，凹球曲率半径 $R=547\mathrm{mm}$，取滚动摩阻系数 $\frac{\mu}{r}=0.001$。设计滑动摩擦接触面的滑动摩擦系数 $\mu=0.5$，复合滚动隔震层中弹簧的总线刚度 $k_s=272\mathrm{kgf/mm}$。

3.6.5.1　不同滑动摩擦力下球形储罐复合滚动隔震体系的减震分析

以 $PGA=0.2g$ 的 El-Centro 波作为地震动输入，研究不同滑动摩擦力下球形储罐复合滚动隔震体系的减震效率，计算结果如图 3.46 ~ 图 3.48 及表 3.7 所示。由表 3.7 可知，随着滑动摩擦力的增大，流体晃动波高和隔震层位移逐渐减小，而基底剪力和倾覆弯矩则先减小后增大，滑动摩擦力的设计存在优化的区间。根据图 3.47 可知，流体晃动波高、基底剪力和倾覆弯矩的减震率曲线及隔震层位移峰值曲线存在"拐点"，减震率曲线及峰值曲线在"拐点"之后趋于平缓。

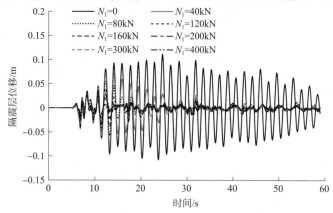

图 3.46　不同滑动摩擦阻尼力时隔震层位移时程曲线

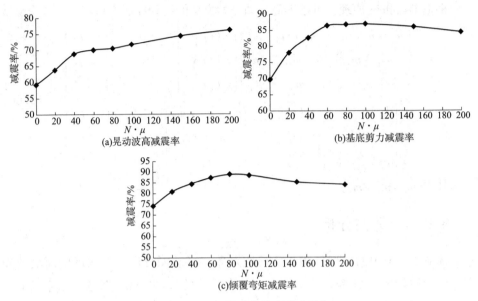

(a)晃动波高减震率

(b)基底剪力减震率

(c)倾覆弯矩减震率

图 3.47　不同滑动摩擦力时减震率

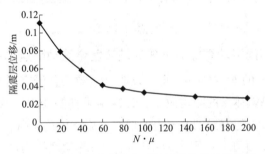

图 3.48　不同滑动摩擦力时隔震层位移峰值曲线

表 3.7　不同滑动摩擦阻尼力时地震响应峰值

工况		晃动波高/ m	基底剪力/ kN	倾覆弯矩/ (kN·m)	隔震层位移/ m
非隔震		1.069	2210.8	15954.0	—
纯滚动隔震		0.435	670.4	4116.0	0.111
复合滚动 隔震	$N_1 \cdot \mu = 20\text{kN}$	0.386	484.7	3058.1	0.079
	$N_1 \cdot \mu = 40\text{kN}$	0.334	381.6	2465.1	0.058
	$N_1 \cdot \mu = 60\text{kN}$	0.320	300.7	2020.9	0.041
	$N_1 \cdot \mu = 80\text{kN}$	0.315	293.5	1784.2	0.037
	$N_1 \cdot \mu = 100\text{kN}$	0.303	289.3	1835.4	0.033
	$N_1 \cdot \mu = 150\text{kN}$	0.274	308.5	2364.9	0.028
	$N_1 \cdot \mu = 200\text{kN}$	0.255	345.9	2556.4	0.026

从能量角度分析球形储罐复合滚动隔震体系减震性。水平地震激励时地震能量等式可以表示为：

$$E = E_v + E_k + E_c + E_f + E_d$$

式中　E——地震动输入总能量；

　　　E_v——结构动能；

　　　E_k——结构势能；

　　　E_c——结构黏性阻尼消耗的能量；

　　　E_f——滚动摩擦消耗的能量；

　　　E_d——滑动摩擦消耗的能量。

　　可以认为$(E - E_d)$是结构所承受的地震能量。

　　从图 3.49 可以看出，随着滑动摩擦力的增加摩擦装置消耗的地震能量逐渐增加。但从图 3.50 和图 3.51 可知，随着摩擦力的增大，球罐结构承受的地震能量先减小后趋于平缓，曲线呈现出"拐点"。球罐结构承受的地震能量决定了其地震动响应的强度。因此，随着摩擦力的增大，减震率曲线存在"拐点"，且在"拐点"之后减震曲线趋于平缓。

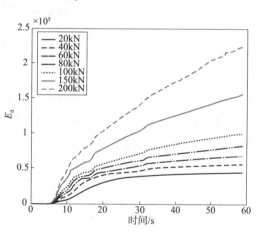

图 3.49　滑动摩擦消耗能量积累曲线

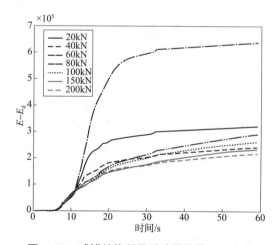

图 3.50　球罐结构所承受地震能量积累曲线

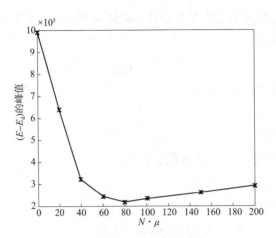

图 3.51　球罐结构所承受地震能量峰值

3.6.5.2　不同地震动输入时球形储罐复合滚动隔震体系的减震分析

选取图 2.10 中七条Ⅲ类场地波作为水平地震动输入，调整 $PGA = 0.2g$。设计滑动摩擦阻尼器提供 80kN 滑动摩擦力，以流体晃动波高、基底剪力、倾覆弯矩、隔震层位移等作为控制目标，进行球形储罐复合滚动隔震体系地震响应峰值分析，计算结果如表 3.8 所示。

表 3.8　球形储罐复合滚动隔震体系地震响应峰值

工况	El – Centro	EMC	TH2TG045	LWD	TH1TG045	人工波 1	人工波 2	均值	均值减震率/%
h_v（非隔震）/m	1.063	0.342	1.098	0.527	0.971	0.998	1.293	0.899	—
h_v（纯滚动隔震）/m	0.102	0.296	0.291	0.264	0.435	0.587	0.894	0.410	54.40
h_v（复合滚动隔震）/m	0.317	0.044	0.154	0.111	0.165	0.450	0.786	0.290	67.74
Q（非隔震）/kN	2210.8	1077.5	1913.0	1655.4	1799.2	1719.4	2267.0	1806.0	—
Q（纯滚动隔震）/kN	228.2	478.1	747.4	310.3	670.4	957.4	1019.3	630.2	65.11
Q（复合滚动隔震）/kN	293.5	156.9	337.9	207.2	267.4	409.1	460.3	304.6	83.13

续表

工况	El-Centro	EMC	TH2TG045	LWD	TH1TG045	人工波1	人工波2	均值	均值减震率/%
M(非隔震)/kN·m	15954	7753.5	13813.0	11925.0	12971.0	12321.0	19527.0	13466.0	—
M(纯滚动隔震)/kN·m	1413.1	2994.5	4577.3	1994.7	4116.0	5898.7	6464.0	3922.6	70.87
M(复合滚动隔震)/kN·m	1784.2	1377.8	2222.0	1735.6	1766.1	2960.0	3051.2	2128.1	84.20
x_i(纯滚动隔震)/m	0.0382	0.0802	0.1234	0.0521	0.1113	0.1554	0.1644	0.1036	—
x_i(复合滚动隔震)/m	0.0366	0.0126	0.0445	0.0216	0.0320	0.0568	0.0656	0.0385	—

根据表3.8中数据可知,在不同地震动输入下,附加滑动摩擦阻尼器的复合滚动隔震体系减震率均高于纯滚动隔震体系。纯滚动隔震时流体晃荡波高、基底剪力和倾覆弯矩的均值减震率分别为54.40%、65.11%和70.87%。而附加摩擦装置后,这三个地震响应控制目标峰值的均值减震率分别提升为67.74%、83.13%和84.20%,减震率增加了10%到20%。尤其是在附加摩擦阻尼器后,隔震层的平均位移由0.1036 m减少到0.0385 m,减少了62.84%。说明相对球形储罐纯滚动隔震体系,附加滑动摩擦阻尼器的球形储罐复合滚动隔震体系可以有效地降低隔震层位移,同时具备更高的减震率。

参考文献

[1]Chalhoub M S, Kelly J M. Shake table test of cylindral water tank in base isolated structures[J]. Journal of Structural Engineering, 1990, 116(7): 1451-1472.

[2]Malhotra P K. Method for seismic base isolation of liquid-storage tanks[J]. Journal of Structural Engineering, 1997, 123(1): 113-116.

[3]Malhotra P K. New method for seismic base isolation of liquid storage tanks[J]. Earthquake Engineering and Structural Dynamics, 1997, 26: 839-847.

[4]Malhotra P K. Seismic strengthening of liquid-storage tanks with energy-dissipating anchors[J]. Journal of Structural Engineering, 1998, 124(4): 405-414.

[5] Wang Y P, Teng M C, Chung K W. Seismic isolation of rigid cylindrical tanks using friction pendulum bearing[J]. Earthquake Engineering and Structural Dynamics, 2001, 30: 1083 – 1099.

[6] Shrimali M K, Jangid R S. Seismic response of liquid storage tanks isolated by sliding bearings [J]. Engineering structures, 2002, 24(7): 907 – 919.

[7] Shrimali M K, Jangid R S. Non – linear seismic response of base – isolated liquid storage tanks to bi – directional excitation[J]. Nuclear Engineering & Design, 2002, 217(1/2): 1 – 20.

[8] Shrimali M K, Jangid R S. A comparative study of performance of various solation systems for liquid storage tanks[J]. International Journal of Structural Stability and Dynamics, 2002, 2(4): 573 – 591.

[9] Shrimali M K, Jangid R S. Seismic Response of Base – Isolated Liquid Storage Tanks[J]. Journal of Vibration & Control, 2003, 9(10): 1201 – 1217.

[10] Shrimali M K, Jangid R S. Seismic analysis of base – isolated liquid storage tanks[J]. Journal of Sound & Vibration, 2004, 275(1/2): 59 – 75.

[11] Jadhav M B, Jangid R S. Response of base – isolated liquid storage tanks[J]. Shock and Vibration, 2004, 11: 33 – 45.

[12] Kim M K, Lim Y M, Cho S Y, et al. Seismic analysis of base – isolated liquid storage tanks using the BE – FE – BE coupling technique[J]. Soil Dynamics & Earthquake Engineering, 2002, 22(9 – 12): 1151 – 1157.

[13] Cho K H, Kim M K, Lim Y M, et al. Seismic response of base – isolated liquid storage tanks considering fluid – structure – soil interaction in time domain[J]. Soil Dynamics & Earthquake Engineering, 2004, 24(11): 839 – 852.

[14] Shekari M R, Khaji N, Ahmadi M T. On the seismic behavior of cylindrical base – isolated liquid storage tanks excited by long – period ground motions[J]. Soil Dynamics and Earthquake Engineering, 2010, 30: 968 – 980.

[15] Sonia D P, Mistry B B, Panchal V R. Double variable frequency pendulum isolator for seismic isolation of liquid storage tanks[J]. Nuclear Engineering and Design, 2011, 241: 700 – 713.

[16] 孙建刚, 王向楠, 赵长军. 立式储罐基底隔震的基本理论[J]. 哈尔滨工业大学学报, 2010, 4(42): 639 – 643.

[17] 孙建刚, 崔利富, 郝进锋, 等. 考虑浮顶影响的隔震储罐简化力学模型及地震响应[J]. 哈尔滨工业大学学报, 2013, 10(45): 118 – 122.

[18] 孙建刚, 袁朝庆, 郝进锋. 橡胶基底隔震储罐地震模拟试验研究[J]. 哈尔滨工业大学学报, 2005, 6(37): 806 – 809.

[19] 孙建刚, 崔利富, 王振, 等. 立式储罐叠层橡胶隔震 3 阶段设计[J]. 哈尔滨工业大学学报, 2011, 43(6): 118 – 121.

[20] 孙建刚, 崔利富, 杜蓬娟, 等. 立式浮顶储罐基础隔震地震响应研究[J]. 哈尔滨工业大

学学报，2011，43（8）：140 – 144.

［21］孙建刚，李德昌，崔利富，等. 非线性隔震立式浮顶储罐双向地震作用分析［J］. 世界地震工程，2011，27（2）：70 – 76.

［22］崔利富，孙建刚，赵颖华. 大型立式储罐竖向基础隔震研究［J］. 哈尔滨工业大学学报，2011，43（12）：132 – 137.

［23］刘帅，翁大根，张瑞普，等. 软土场地大型 LNG 储罐考虑桩土相互作用的地震响应分析［J］. 振动与冲击，2014，33（7）：24 – 30.

［24］郑建华，孙建刚，崔利富，等. 桩土影响下 LNG 储罐基础隔震地震响应分析［J］. 地震工程与工程振动，2014，34（2）：223 – 232.

［25］Paul Summers，Paul Jacob. Development of New Base Isolation Devices for Application at Refineries and Petrochemical Facilities［C］. 13th World Conference on Earthquake Engineering Vancouver，B. C.，Canada，2004 August 1（6）：1036.

［26］Joaquin Marti，Alessandro Poggianti，Giulia Bergamo，et al. Seismic Protection at Petrochemical Facilities：Main Results from INDEPTH Project［C］. 10th World Conference on Seismic Isolation，Energy Dissipation adn Active Vibrations Control of Structures，Istambul，Turkey，May 2007.

［27］Massimo Forni，Alessandro Poggianti. Shaking Table Tests on a Spherical Tank Mock – up Provided with Seismic Isolation and Flexible Piping Connections［C］. Asme Pressure Vessels & Piping/icpvt – 11 Conference，2005.

［28］Bergamo G.，Gatti F. New methodologies for the reduction of seismic risk at petrochemical facilities in Europe［C］. Proceedings of 9th World Seminar on Seismic Isolation，Energy Dissipation and Active Vibration Control of Structures，Kobe，Japan，2005.

［29］王振，韩玉光. 球形储罐结构地震反应控制研究［J］. 大连民族学院学报，2009，11（05）：450 – 453.

［30］李霄龙，翁大根，等. 球形储罐基于性能的隔震设计［J］. 工程抗震与加固改造，2012，34（2）：54 – 65.

［31］Harvey P. S.，Gavin H. P. Assessment of a rolling isolation system using reduced order structural Models［J］. Engineering Structures，2015，99：708 – 725.

［32］Huseyin Cilsalar，Michael C. Constantinou. Parametric study of seismic collapse performance of lightweight buildings with spherical deformable rolling isolation system［J］. Bulletin of Earthquake Engineering，2020，18（4）：1475 – 1498.

［33］Huseyin Cilsalar，Michael C. Constantinou. Behavior of a spherical deformable rolling seismic isolator for lightweight residential construction［J］. Bulletin of Earthquake Engineering，2019，17（7）：4321 – 4345.

［34］Dora Foti. Rolling devices for seismic isolation of lightweight structures and equipment. Design and realization of a prototype[J]. Structural Control and Health Monitoring, 2019, 26(3).

[35]朱英, 杨一凡, 朱萍. 球罐和大型储罐[M]. 北京: 化学工业出版社, 2005.

[36]Sang - Hoon Shina, Dae - Eun Kob. A study on forces generated on spherical type LNG tank with central cylindrical part under various static loading[J]. International Journal of Naval Architecture and Ocean Engineering, 2016, 18(6): 530 - 536.

[37]哈尔滨工业大学理论力学教研室. 理论力学[M]. 北京: 高等教育出版社, 2002: 119 - 122.

[38]GB/T 4662—2012 滚动轴承 额定静荷载[S].

[39]徐博, 孙建刚, 韩建平, 等. 大型立式储罐滚动隔震限位研究[J]. 地震工程与工程震动, 2017, 37(2): 124 - 131.

[40]李雄彦, 解朋, 薛素铎. 软钢 - 滚动隔震支座的力学性能分析[J]. 地震工程与工程震动, 2014, 34(6): 59 - 65.

[41]潘超, 张瑞甫, 罗浩, 等. 金属阻尼器消能减震体系的等阻尼比设计方法[J]. 建筑结构学报, 2018, 39(3): 39 - 47.

[42]JGJ 297—2013 建筑消能建筑技术规程[S].

[43]蒲勇, 苏森, 张德成. 位移型阻尼器减震结构体系的等效刚度[J]. 低温建筑技术, 2017, (39)10: 73 - 75.

[44]闻邦椿. 机械设计手册 轴 弹簧[M]. 北京: 机械工业出版社, 2020.

[45]周云, 卢德辉, 张敏, 等. 钢管铅阻尼器滞回性能试验研究[J]. 建筑结构学报, 2017, 38(9): 102 - 109.

[46]GB 50011—2010 建筑抗震设计规范[S].

第4章 球形储罐滚动隔震有限元数值仿真分析

本章采用大型有限元数值仿真平台 ADINA 开展球形储罐滚动隔震有限元仿真分析。ADINA 软件是美国 ADINA R&D 公司的产品，是基于有限元技术的大型通用分析仿真平台，拥有丰富和完善的单元、材料属性和求解器，可用于固体分析、流体分析、热分析，以及流固耦合、热力耦合和多物理场耦合等问题的分析[1,2]。ADINA 软件以其领先的计算理论以及对非线性问题的稳定求解获得全球用户的好评，被誉为有限元软件中的精品[3]。本章基于有限元软件 ADINA 选取合适的单元以及对应的物理材料本构模型，首先分别建立了圆弧凹槽和椭圆凹槽的滚动隔震二维有限元数值仿真模型，并进行了滚动隔震拟静力滞回仿真模拟，将仿真结果与理论模型进行对比分析。同时建立了球形储罐及卧式储罐滚动隔震有限元数值仿真模型，并分别进行了模态分析及地震响应时程分析，更全面地展现了滚动隔震的减震性能，将有限元数值仿真计算结果与理论模型计算结果进行对比分析。

4.1 滚动隔震装置有限元数值仿真分析

根据第 3 章中推导的滚动隔震恢复力力学模型，选择隔震周期 $T_i = 2s$，设定滚子半径为 $r = 75mm$，椭圆短轴 $b = 54mm$，则可算得圆弧凹槽曲率半径 $R = 571mm$，椭圆长轴 $a = 176mm$。圆弧凹面以及椭圆凹面滚动隔震装置的详细尺寸如图 4.1 所示。

将滚动退化为二维平面内的运动，基于有限元软件 ADINA 中的 2 – D Solid 单元建立圆弧凹面以及椭圆凹面两种滚动隔震形式的二维有限元数值仿真模型，如图 4.2 所示。单元材料模型选用双线性的弹塑性模型，材料弹性模量 206GPa，屈服强度 518.42MPa，屈服后切线强度取弹性模量 1/10，泊松比 0.3，密度 7850kg/m³。滚子与凹面接触面设置二维库伦摩擦接触。模型上部施加 1N/m 向

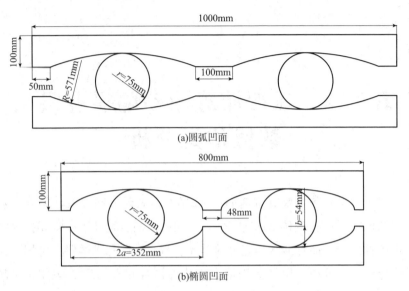

图4.1　圆弧凹面以及椭圆凹面滚动隔震装置示意图

下的线荷载以及 $y = A\sin\left(\dfrac{\pi}{2}t\right)$ 的水平正弦位移荷载，其中 $A = 200\mathrm{mm}$，位移荷载如图4.3所示。进行滚动隔震拟静力滞回仿真模拟，并将恢复力滞回曲线的仿真结果与理论模型进行对比，如图4.4所示。

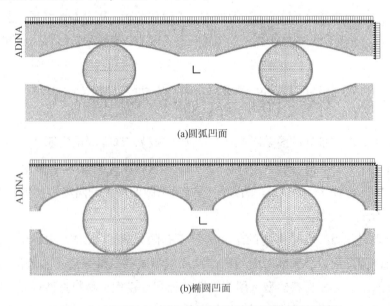

图4.2　圆弧凹面、椭圆凹面滚动隔震有限元仿真模型

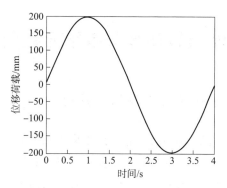

图4.3　水平位移荷载曲线

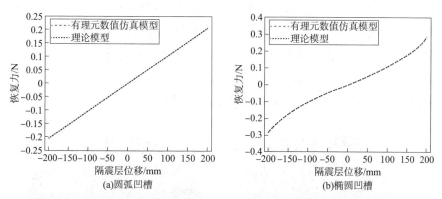

图4.4　有限元数值仿真模型与理论模型恢复力滞回曲线

从图4.4中可以看出理论模型计算结果与仿真计算结果十分契合，在一定程度上验证了本书所推导的圆弧凹面、椭圆凹面滚动隔震恢复力力学模型的正确性。图4.5为运动中的滚动隔震装置仿真模型。

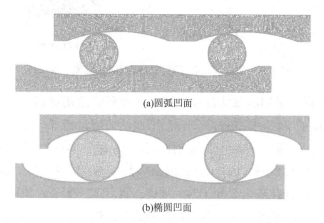

图4.5　运动中的滚动隔震装置仿真模型

4.2　球形储罐滚动隔震有限元数值仿真分析

4.2.1　有限元数值仿真模型的建立

选取 2.4 节中球形储罐作为算例，球罐容量 1000m³，存储介质为液化石油气(LPG)，设定储液高度为 $H = 1.5R$，忽略其内压影响，储液密度为 480kg/m³，球罐直径为 12.3m，球心距地面 8m，拉杆上部连接处距地面 5.3m，具体参数如表 2.1 所示。采用 3 – D Solid 单元模拟球形储罐的罐体及支承结构，材料模型选用双线性的弹塑性模型，建模过程中释放了拉杆与支柱连接处的弯矩约束使之形成铰接。流体采用三维流体单元(3 – D Fluid)，其中液面设置为自由面单元。流体材料模型为基于势的流体模型(Potential – based Fluid)，体积模量为 2.3GPa。非隔震状态下球形储罐有限元数值仿真模型如图 4.6 所示。

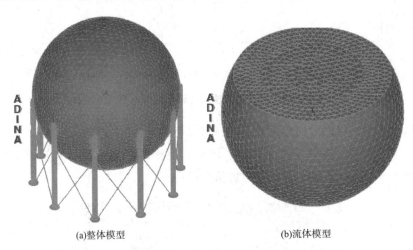

(a)整体模型　　　　　　　　(b)流体模型

图 4.6　非隔震状态下球形储罐有限元数值仿真模型

滚动隔震形式采用滚球式滚动隔震，凹面形式选用球凹面。设计隔震周期 $T = 3s$，选用滚子半径 $r = 75mm$，则球形凹面的曲率半径 $R = 1210mm$。滚动隔震装置通过装配式工字钢环梁与球罐支柱连接，环梁下部均匀布置 40 组滚球与凹面装置，根据第 3 章中的计算可知此时最大静接触应力为 326.8MPa，满足竖向承载力要求。工字钢环梁采用 Q345 号钢，翼缘宽 800mm，厚 40mm，腹板高 900mm，厚 50mm。建模过程中为提高模型的收敛性采用 ADINA 软件中非线性弹簧单元(Nonlinear Spring)模拟滚动隔震装置。通过对滚动隔震装置恢复力滞回曲线进行参数识别及数据拟合，即可获得能表征滚动隔震装置水平方向力学性能的非线性弹簧单元物理参数。图 4.7 以及图 4.8 展示了纯滚动隔震时与附加铅芯阻尼器滚动隔震时球形储罐有限元数值仿真模型。参照第 3 章中关于铅芯阻尼器的设计，铅芯有效高度 $H_1 = 300\text{mm}$，直径 $D = 100\text{mm}$，共装置 5 组铅芯阻尼器，铅阻尼器采用 3 – D Solid 单元模拟，材料模型选用双线性的弹塑性模型。

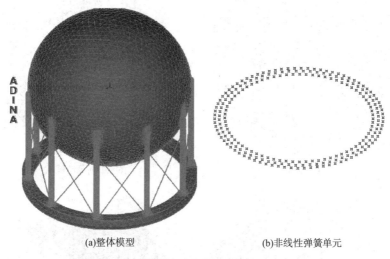

(a)整体模型　　　　　　　　　　　(b)非线性弹簧单元

图 4.7　球形储罐滚动隔震有限元数值仿真模型

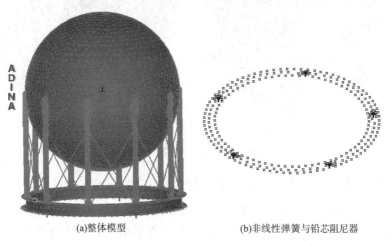

(a)整体模型　　　　　　　　　　　(b)非线性弹簧与铅芯阻尼器

图 4.8　球形储罐附加铅芯阻尼器滚动隔震有限元数值仿真模型

4.2.2　模态分析

对球形储罐有限元模型进行模态分析，探究其振型模态及对应振动频率。图

4.9 为流体前 4 阶晃动模态，晃动频率依次为 0.310Hz、0.407Hz、0.440Hz、0.482Hz。地震激励时流体主要呈现第一阶晃动形态，根据式(2.61)可计算理论模型中流体第一阶晃动频率为 0.309Hz，与有限元数值仿真结果相差 0.32%。

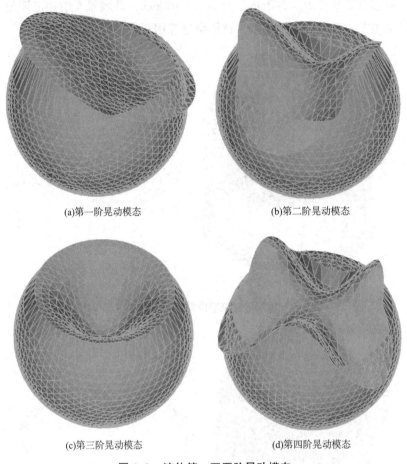

(a)第一阶晃动模态　　　　　　　　　　(b)第二阶晃动模态

(c)第三阶晃动模态　　　　　　　　　　(d)第四阶晃动模态

图 4.9　流体第一至四阶晃动模态

　　图 4.10 展示了非隔震状态下球形储罐第一阶振动模态以及扭转模态。振动频率依次为 3.07Hz、9.83Hz、25.73Hz。从图 4.10(a)中可以看出非隔震状态下球形储罐第一阶振动形式大致为罐体整体向一侧移动，支承结构相对地面变形较大。根据《石油化工钢制设备抗震设计标准》(GB 50761—2018)[4]，若不考虑流体晃动影响，可算得球形储罐的基本振动频率约为 2.95Hz，与有限元数值仿真模型计算结果相差 3.91%。

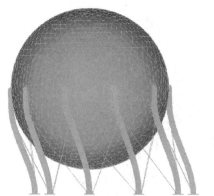

(a)第一阶振动模态

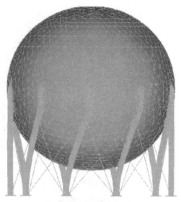

(b)绕Z轴扭转模态

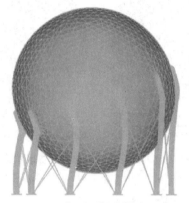

(c)绕X或Y轴扭转模态

图4.10　非隔震状态下球形储罐第一阶振动模态及扭转模态

图4.11展示了隔震状态下球形储罐第一阶和第二阶振动模态。从图中可以看出采用滚动隔震后球形储罐罐体和支承体系整体向一侧偏移，支承体系相对变形较小，结构体系主要变形产生于隔震层。同时由于柔性隔震层振动频率接近于流体晃动频率，两者之间的相互作用直接影响了结构和流体的振动形式和振动频率。隔震状态下球形储罐整体结构体系第一阶和第二阶振动频率分别为0.261Hz、0.415Hz，结构整体呈现的并非为单一的晃动频率0.310Hz，或隔震频率0.333Hz。根据第2章提出的理论模型可算得球形储罐滚动隔震体系的第一阶和第二阶振动频率分别为0.264Hz、0.424Hz，与有限元数值仿真模型计算结果相差1.15%、2.17%。总的来说有限元数值仿真模型模态分析计算所得振动频率与理论模型十分接近，差异率均小于4%。

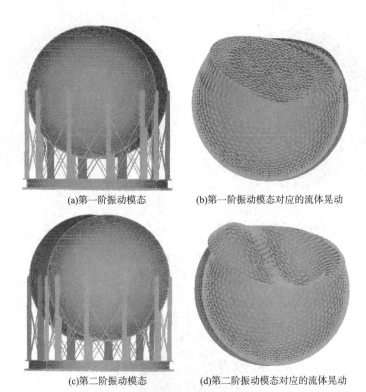

(a)第一阶振动模态　　　　(b)第一阶振动模态对应的流体晃动

(c)第二阶振动模态　　　　(d)第二阶振动模态对应的流体晃动

图 4.11　球形储罐基础隔震振动模态

4.2.3　地震响应时程分析

　　以 El - Centro 波作为地震动输入，调整 PGA = 0.2g，进行球形储罐滚动隔震地震响应时程分析。图 4.12 展示了抗震、纯滚动隔震、附加铅芯阻尼器复合滚动隔震三种状态下球形储罐的基底剪力、倾覆弯矩、晃动波高、拉杆应力以及隔震层位移时程曲线。

　　从图 4.12(a)、图 4.12(b)中可以看出两种隔震形式对球形储罐基底剪力及倾覆弯矩能起到非常好的减震作用，减震率约为 87%，说明采用滚动隔震后能够大幅降低柱底螺栓剪切或拉伸破坏以及罐体整体倾覆的风险。同时也观察到附加铅芯阻尼器后并未对基底剪力及倾覆弯矩峰值产生较大影响。

　　图 4.12(c)为流体晃动波高时程曲线，两种形式滚动隔震均能在一定程度降低流体的晃动响应，晃动波高峰值从非隔震时的 0.6616m 降低为 0.3732m（纯滚动隔震）和 0.2999m（附加铅阻尼器复合滚动隔震），减震率分别为 43.59%、54.67%，复合滚动隔震晃动波高峰值减震率略优于纯滚动隔震。

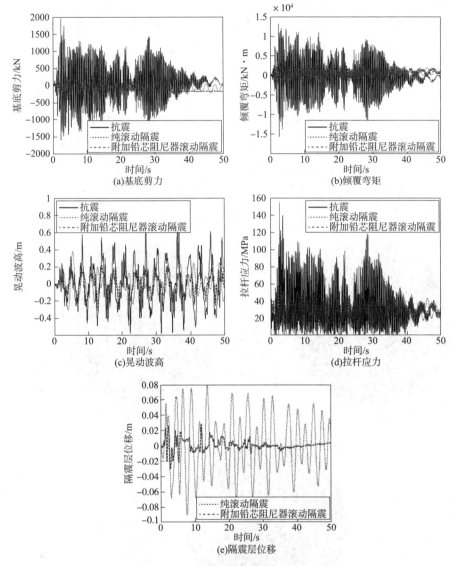

图 4.12　球形储罐滚动隔震地震响应时程曲线

图 4.12(d)为拉杆应力时程曲线。遭遇地震时拉杆或拉杆与支柱链接处断裂是球形储罐最典型震害之一，从图中可以看出采用滚动隔震措施后拉杆应力峰值大幅减弱，由抗震时的 154.44MPa 分别降低为 21.25MPa(纯滚动隔震)和 28.43MPa(附加铅阻尼器复合滚动隔震)，减震率分别为 86.24%、81.59%，两种滚动隔震措施均能有效地提高支承结构的地震安全性。

图 4.12(e)展示了纯滚动隔震和附加铅阻尼器复合滚动隔震时隔震层位移时

程曲线，复合滚动隔震的隔震层位移大幅度降低，峰值由 0.0916m 减小至 0.0312m，减幅 65.94%，超过了预期设定的减幅 50% 目标。由此说明附加铅阻尼器后最主要的效能是大幅降低滚动隔震层的位移，与理论研究结论一致。同时也印证了本书所提出的装配式铅芯阻尼器设计方法是行之可靠的。

图 4.13 为球形储罐罐体有效应力云图，罐体应力由重力产生的静态应力及水平惯性力产生的动态应力两部分组成。从图中可以看出当遭遇地震时罐体整体应力相对较小，但罐体与支柱连接处出现"V"字形应力集中区域，罐体应力峰值位于罐体与支柱连接处的底部。抗震状态下罐体最大有效应力约为 133.3MPa，采用纯滚动隔震、复合滚动隔震措施后罐体最大有效应力分别为 40.9MPa、41.9MPa，滚动隔震能有效降低球形储罐罐体动态应力。

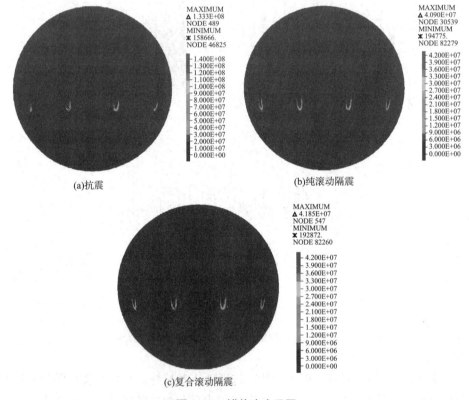

图 4.13　罐体应力云图

相对罐体来说球形储罐的支承体系往往更加薄弱。图 4.14 展示了支柱最大有效应力云图，应力同样包含了静态应力与动态应力。从图中观察到支柱应力峰值集中于与罐体连接处的下部，抗震状态时最大有效应力为 195.3MPa。采用纯滚动隔震或附加铅芯阻尼器滚动隔震后最大有效应力降低为64.9MPa、58.7MPa，支柱应力峰值减震率分别为66.77%、69.94%，说明滚动隔震能有效地减弱支柱受力，大幅降低了其在地震中遭受破坏的风险。

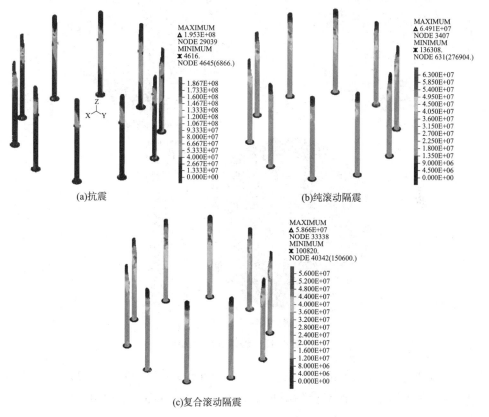

图4.14　支柱应力云图

　　图4.15展示了罐体水平方向位移云图，从图4.15(a)中可以看出抗震状态时罐体的水平偏移存在细微差异，在最大水平位移时刻罐顶相对地面的位移为9.29mm，而罐底为10.45mm，相差1.16mm，因此水平地震作用下罐体除水平偏移外还存在微弱的转角变形。

　　图4.15(b)及图4.15(c)分别展示了纯滚动隔震以及附加铅阻尼器复合滚动隔震状态下球形储罐罐体水平位移云图，采用滚动隔震后罐体水平偏移差异相对较小，例如采用纯滚动隔震时，罐顶相对地面的最大位移为98.57mm，同一时刻罐底为98.73mm，相差0.16mm。滚动隔震措施减弱了罐体的偏转，上部结构相对变形大幅减小。

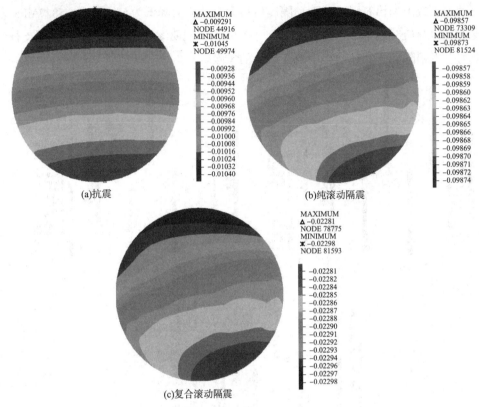

(a)抗震　　　　　　　　　　　(b)纯滚动隔震

(c)复合滚动隔震

图4.15　罐体位移云图

图4.16为支柱水平位移云图。从图中可知抗震状态下柱顶与柱底水平位移最大相差约9.92mm，而两种隔震状态下差值约1.56mm，采用滚动隔震措施后上部结构相对变形大幅减小。

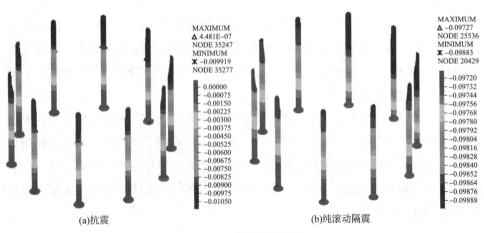

(a)抗震　　　　　　　　　　　(b)纯滚动隔震

图4.16　支柱位移云图

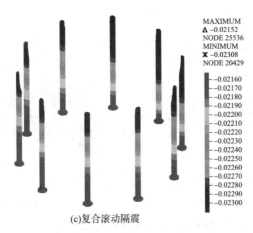

(c)复合滚动隔震

图 4.16　支柱位移云图(续)

4.2.4　有限元数值仿真与简化动力学模型对比分析

同样以 PGA $= 0.2g$ 的 El – Centro 波作为地震动输入，进行有限元数值仿真与简化动力学模型的对比分析。以基底剪力、倾覆弯矩、晃动波高及隔震层位移作为控制目标，对比采用纯滚动隔震、附加铅阻尼器复合滚动隔震两种状态下球形储罐的有限元数值仿真计算结果与简化动力学模型计算结果，时程曲线对比如图 4.17～图 4.20 所示，峰值结果对比如表 4.1 所示。

从图 4.17～图 4.20 中可以看出两者地震响应时程曲线契合较好，同时从表 4.1 中注意到简化力学模型计算所得地震响应峰值均大于有限元数值仿真结果，且差异率最大未超过 11%。总的来说有限元数值仿真结果与简化力学模型计算结果十分接近，两者互为验证。

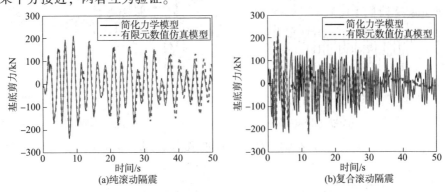

图 4.17　基底剪力时程曲线对比

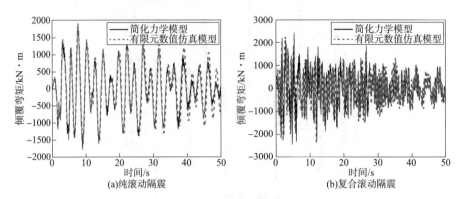

图 4.18　倾覆弯矩时程曲线对比

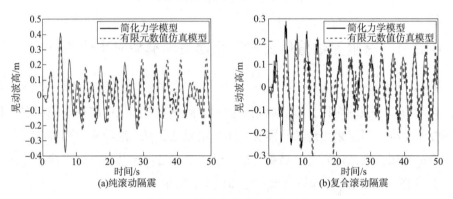

图 4.19　晃动波高时程曲线对比

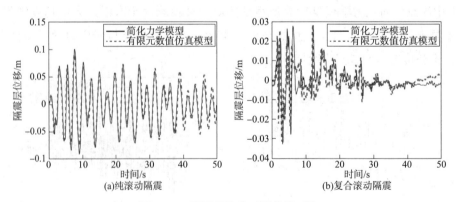

图 4.20　隔震层位移时程曲线对比

表4.1　有限元数值仿真计算结果与理论模型计算结果峰值对比

减震方式	计算方法	基底剪力/kN	倾覆弯矩/kN·m	晃动波高/m	隔震层位移/m
纯滚动隔震	简化力学模型	239.3	1926.8	0.4164	0.1010
	有限元数值仿真模型	223.6	1817.8	0.3732	0.0916
	差异率%	6.56	5.66	10.37	9.10
附加铅芯阻尼器滚动隔震	简化力学模型	232.9	2469.2	0.3105	0.0325
	有限元数值仿真模型	224.6	2378.0	0.2999	0.0312
	差异率%	3.56	3.69	3.41	4.00

参考文献

[1]马野，袁志丹，曹金凤．ADINA 有限元经典实例分析[M]．北京：机械工业出版社，2011(10)．

[2]岳戈，陈权．ADINA 应用基础与实例详解[M]．北京：人民交通出版社，2008(07)．

[3]孙建刚，崔利富，罗东雨．大型 LNG 储罐抗震与隔震分析方法及试验[M]．北京：科学出版社，2019(06)．

[4]GB/T 50761—2018 石油化工钢制设备抗震设计标准[S]．

第5章 球形储罐滚动隔震模拟 地震振动台试验研究

随着科技的发展，模拟地震振动台试验技术已逐渐成为建筑结构地震响应研究必不可少的手段之一。通过振动台试验可相对真实地展现结构遭遇地震后的动态行为，为验证理论模型及有限元数值仿真模型的正确性提供可靠的试验数据支撑。目前国外学者针对球形储罐动态响应及减震研究多以理论分析以及有限元数值仿真分析的方式进行。储液结构减震分析方法的成型多经过简化理论模型的提出，有限元数值仿真分析验证及模拟地震振动台试验验证这一过程。鉴于此，本章主要针对球形储罐进行抗震和滚动隔震的模拟地震振动台试验，从试验的角度研究球形储罐的动特性及滚动隔震的减震效率，同时为验证理论模型的正确性提供可靠的试验数据支撑。

5.1 储罐结构动态相似理论

结构动力试验根据模型与原型结构的尺寸、力学参数等的差异，可分为足尺模型、缩尺模型，受到振动台大小的限制，一般以缩尺模型为主。但是，由于各种原因，不可能在实际模型和缩尺模型之间兼容所有力学和几何参数的相似关系。储罐内液体动态响应可分解为对流晃动、液固耦合或冲击分量。在进行振动台试验模型罐设计时储罐可以表示为仅考虑液固耦合或冲击分量的单自由度系统[1-4]。针对单自由度体系，为满足模型罐与原型罐的动态相似关系可引入柯西数[4,5]，表示为惯性力与弹性恢复力的比值，根据 Hooke's 定律可知其表达式：

$$\frac{F_i}{F_e} = \frac{ma}{ku} \tag{5.1}$$

式中 F_i——惯性力；

  F_e——弹性恢复力；

  m——质量；

a——加速度；

k——恢复刚度；

u——位移。

对单质点体系来说，式(5.1)可转化为：

$$\frac{F_i}{F_e} = \frac{a}{\omega^2 u} \tag{5.2}$$

式中　ω——冲击分量自振频率。

根据式(5.2)可知：

$$S_a = S_1 \cdot S_t^{-2} \tag{5.3}$$

式中　S_a——加速度相似比；

S_1——几何尺寸相似比；

S_t——时间相似比。

通常情况下卧式储罐的鞍座是其抗震设计的薄弱处，因此可以鞍座处应力构建应力相似关系，$[\sigma] \sim [ma][A]^{-1}$。

$$S_\sigma = S_\rho S_1^2 S_t^{-2} \tag{5.4}$$

式中　S_ρ——密度相似比。

考虑到模型罐与原型罐线应变相似系数为1，则有：

$$S_\sigma = S_E \tag{5.5}$$

式中　S_E——弹性模型相似比。

联立式(5.4)及式(5.5)可得：

$$S_\rho S_1^2 = S_1^2 S_E \tag{5.6}$$

$$S_\rho S_1^2 S_\omega^2 = S_E \tag{5.7}$$

5.2　球形储罐模拟地震振动台试验研究

5.2.1　振动台介绍

试验在大连民族大学辽宁省石油与天然气构筑物防灾减灾工程研究中心四链杆机构单向水平位移地震激励模拟地震振动台进行，振动台如图5.1所示。

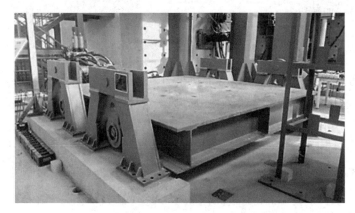

图 5.1　单向水平位移地震激励模拟地震振动台

振动台以单向水平位移地震激励模拟地震振动，台面尺寸 $3.00\text{m} \times 3.00\text{m}$，极限位移 $\pm 80\text{mm}$，最大承载模型重 50t，频率范围 $0.1 \sim 50\text{Hz}$。

5.2.2　模型罐设计

选取 1000m^3 球形储罐作为原型罐，储液为 C_5（戊烷）。设计填充量为 85%（$H \approx 1.5R$）。抗震设防烈度为 7 度（$PGA = 0.1g$），场地类别为 II 类。试验过程中用水替代原介质，储液密度 1000kg/m^3，原型球罐直径 12.3m，球心距地面 8m，拉杆上部连接处距地面 5.5m。储罐主体结构均采用 Q345 号钢材制作。主要结构参数如表 5.1 所示。

表 5.1　原型罐主要结构参数

结构	型号/mm	密度/(kg/m³)	弹性模量/(10^{11} N/m²)	泊松比
球壳	厚20	7850	2.06	0.3
支柱(8 根)	$\phi 426 \times 10$	7800	2.06	0.3
拉杆(8 对)	直径50	7800	2.06	0.3

模型储罐采用 Q235 钢材制作，可认为弹性模量相似比 $S_E = 1$。孙建刚[6] 等人已证明振动台试验中以水替代原储液对实验影响较小，因此可大致认为 $S_\rho = 1$。同时根据振动台设备实际情况，选择几何相似比 $S_l = 0.2$（几何尺寸缩至原模型的0.2），则根据式（5.6）可知时间相似比 $S_t = 0.2$，进而可得模型罐的具体尺寸，设计填充量仍为 85%（$H \approx 1.5R$）。忽略球罐设计压力及设计温度的影响，则球罐模型直径为 2.46m，球心距地面 1.60m，拉杆上部连接处距底部连接处约 1.0m，

主要结构参数如表5.2及图5.2所示。

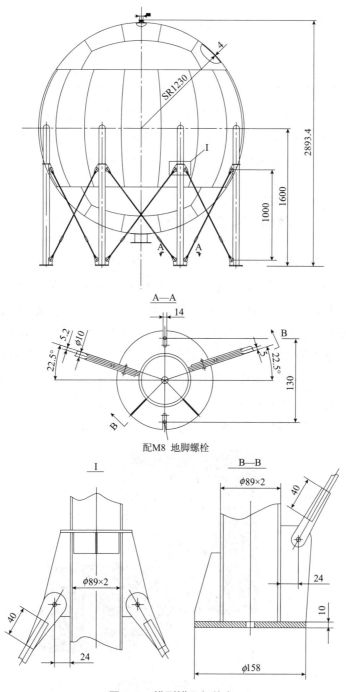

图5.2　模型罐几何信息

表5.2　模型罐主要结构参数

结构	型号/mm	密度/(kg/m³)	弹性模量/(10¹¹N/m²)	泊松比
球壳	厚4	7850	2.06	0.3
支柱(8根)	$\phi89\times2$	7800	2.06	0.3
拉杆(8对)	直径10	7800	2.06	0.3

表5.2中支柱尺寸若按几何比例应为 $\phi85.2\times2$，但由于市面上无缝钢管无此规格，故修改为 $\phi89\times2$。根据式(5.3)可知加速度相似比 $S_a=5$。按原型罐7度设防标准，设防加速度峰值 PGA = 0.1g，则进行振动台试验时需调整加速度峰值 PGA = 0.5g，且持续时间需压缩至原长度的0.2。

5.2.3　球形储罐环梁滚动隔震装置及铅芯阻尼器设计

原型罐设计隔震周期选为 $T_i=2.5s$，则根据动态相似关系对应的模型罐隔震周期应为 $T_i=0.5s$。滚动隔震选用球凹面的滚球式滚动隔震，滚球半径 $r=15mm$，则根据式(3.14)可算得球凹面的曲率半径 $R=46mm$。滚动隔震装置如图5.3所示。每个隔震装置设置4对滚球与凹面，装配式工字钢环梁下部共装置8组滚动隔震装置。滚动隔震装置配有装配固定板，用于装配与安装过程中滚动隔震装置的固定。滚动隔震装置上部总的竖向压力约为72kN，则单个滚球与凹面承担竖向压力为 2.25kN，根据式(3.17)即可算得最大静态接触应力为2245.8MPa，小于允许最大接触应力4200MPa，满足要求。

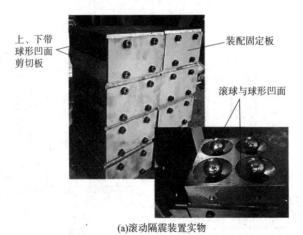

上、下带球形凹面剪切板　　装配固定板

滚球与球形凹面

(a)滚动隔震装置实物

图5.3　滚球式滚动隔震装置

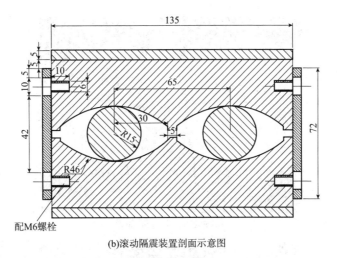

(b)滚动隔震装置剖面示意图

图5.3　滚球式滚动隔震装置(续)

　　装配式工字钢环梁几何示意图如图5.4所示。图5.5展示了滚动隔震装置与工字钢环梁的装配过程。根据第3章中关于铅芯阻尼器的设计方法，选定目标系数 $\lambda_x = 0.7$，针对模型罐滚动隔震体系设计的铅芯阻尼器如图5.6所示。铅芯有效直径及有效高度分别为20mm、40mm。根据上述计算所得铅芯几何尺寸，建立其有限元数值仿真模型，并进行拟静力滞回仿真实验，通过对阻尼力滞回曲线的参数识别获取 Bouc-Wen 光滑型恢复力模型的参数，如表5.3所示。图5.7及图5.8分别展示了球形储罐纯滚动隔震以及附加铅芯阻尼器滚动隔震的整体装配。

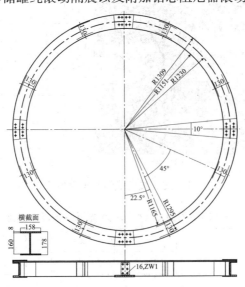

图5.4　装配式工字钢环梁几何示意图

(a)滚动隔震装置环向布置

(b)工字钢环梁装配

图 5.5　滚动隔震装置与工字钢环梁的装配过程

(a)铅芯阻尼器

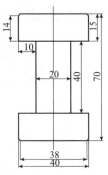

(b)铅芯几何尺寸

图 5.6　装配式铅芯阻尼器

表 5.3　铅芯阻尼器 Bouc－Wen 光滑型恢复力模型参数

	A	β	γ	μ	$k_1/(\text{N/m})$	α
参数值	1.68	1195.1	726.8	1	1943670.9	0.02921

图5.7　球形储罐纯滚动隔震

图5.8　附加铅芯阻尼器球形储罐滚动隔震

5.2.4　传感器布置方案及数据采集系统

球形储罐振动台试验采用三种传感器：加速度传感器（A1～A10），位移传感器（D1～D9）以及应变片（S1～S4），传感器布置示意图及振动台试验中球罐放置于振动台面的方位示意图如图5.9所示。

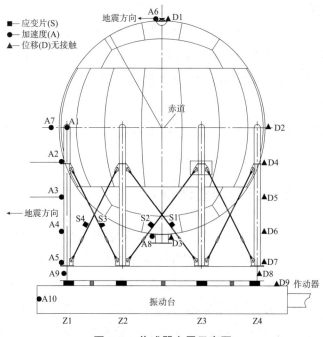

图5.9　传感器布置示意图

传感器(图 5.10)布置说明:

(a)加速度传感器   (b)单向应变片   (c)无接触式位移采集系统点光源

图 5.10　传感器

(1)加速度传感器为 10 个,其中 A1～A5 用于采集 Z1 柱的加速度,每两个加速度传感器大约间隔 400mm;A6、A7、A8 分别布置于罐顶部、中部与罐底部;加速度传感器布置方向均与地震方向保持一致。A9 用于采集隔震层加速度(环梁);A10 用于采集振动台加速度。采用 32 通道 DHDAS 动态信号采集分析系统采集加速度数据。

(2)位移传感器 9 个,采集方向均为地震方向。其中 D1～D3 布置于储罐顶部、中部以及底部,其中 D2 位于柱 Z1 与柱 Z8 中间的位置。D4～D7 自上而下间隔约 400mm 布置于柱 Z4。D8 用于采集隔震层位移(环梁);D9 用于采集振动台位移。

(3)应变传感器为 4 个测点,主要用于采集 Z1 柱与 Z2 柱、Z2 柱与 Z3 柱之间拉杆应变。

5.2.5　振动台试验地震动输入

振动台以单向水平位移地震激励模拟地震振动,因此从 Peer Ground Motion Database 中下载符合《石油化工钢制设备抗震设计标准》[7] 中 II 类场地反应谱的三条实际地震记录的位移时程曲线作为振动台试验激励。地震波信息如表 5.4 所示。根据式(5.3)可知加速度相似比 $S_a = 5$。按原型罐 7 度设防标准,设防加速度峰值 PGA = 0.1g,则进行振动台试验时需调整加速度峰值 PGA = 0.5g,且持续时间需压缩至原长度的 0.2 倍。

　　在进行抗震状态下球形储罐振动台试验时为保证安全，采用逐步增大激励峰值的方法，当台面加速度峰值 PGA = 0.2 ~ 0.3g 时球形储罐拉杆与支柱链接处即出现螺栓剪断的破坏现象。若继续增大地震激励峰值，球形储罐难免会出现更加严重的破坏，从安全角度考虑为保证试验能顺利进行，故调低地震输入幅值至台面加速度峰值为 0.2g 进行球形储罐的模拟地震振动台试验，振动台台面加速度时程曲线如图 5.11 所示。

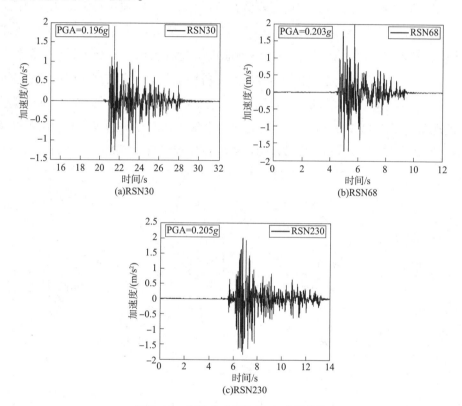

图 5.11　振动台台面加速度时程曲线

表 5.4　振动台试验地震波信息

地震编号	地震名称	发生年份	震级	记录台站	原始 PGA(g)
RSN30	Parkfield	1966	6.19	Cholame – Shandon Array #5	0.432
RSN68	San Fernando	1971	6.61	LA – Hollywood Stor FF	0.225
RSN230	Mammoth Lakes – 01	1980	6.06	Convict Creek	0.406

5.2.6　振动台试验结果分析

5.2.6.1　加速度分析

支柱 Z1 上测点 A1～A5 加速度峰值如图 5.12 及表 5.5 所示。从图中可以看出抗震状态下球形储罐支柱加速度峰值呈现自下而上逐渐增大的趋势。三条地震波作用下，柱顶相对于振动台台面的加速度放大系数分别为 1.64、2.09、2.33。而采用滚动隔震后支柱各处加速度峰值波动相对较小，柱顶相对于振动台台面的放大系数均小于 1，分别为 0.62、0.65、0.55（纯滚动隔震），0.52、0.63、0.47（附加铅芯阻尼器滚动隔震），采用滚动隔震措施后能有效隔断地面与上部结构的能量传导，较好地降低了上部结构所承受的地震能量。实质是采用滚动隔震后通常会缩短整体结构体系的自振频率，从而远离地震激励的卓越频率，削弱了类共振现象。图 5.13 为 RSN30 波激励时罐体中部加速度频谱曲线，从图中可知采用两种形式滚动隔震后罐体中部加速度响应卓越频率由抗震时的 6.551Hz 缩短为

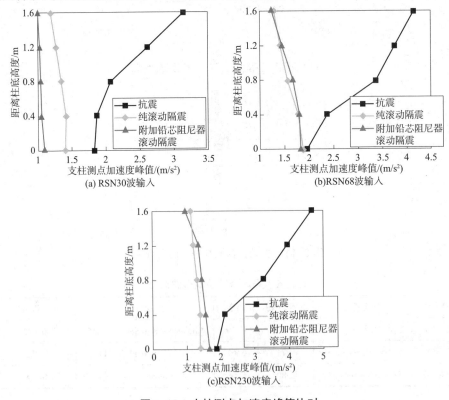

(a) RSN30波输入

(b)RSN68波输入

(c)RSN230波输入

图 5.12　支柱测点加速度峰值比对

2.409Hz和2.507Hz，而缩放后RSN30波卓越频率为14.3Hz，相对6.551Hz来说滚动隔震体系的自振频率更加远离地震的卓越频率，达到降低地震响应的目的。表5.5为支柱测点加速度峰值及相对减震率，沿着支柱高度自下而上加速度峰值减震率逐渐增大。

表5.5　支柱测点加速度峰值及减震率

地震波	测点号	抗震/(m/s²)	纯滚动/(m/s²)	附加铅阻尼器复合滚动隔震/(m/s²)	纯滚动减震率/%	附加铅阻尼器复合滚动隔震减震率/%
RSN30	A1	3.15	1.19	1.00	62.17	68.14
	A2	2.61	1.27	1.02	51.33	60.76
	A3	2.07	1.35	1.05	34.88	49.56
	A4	1.86	1.42	1.06	23.60	43.04
	A5	1.82	1.40	1.10	23.20	39.84
RSN68	A1	4.15	1.30	1.25	68.76	69.90
	A2	3.76	1.43	1.45	61.86	61.27
	A3	3.37	1.57	1.66	53.36	50.65
	A4	2.37	1.78	1.80	24.93	23.80
	A5	1.96	1.88	1.84	4.12	5.74
RSN230	A1	4.68	1.11	0.95	76.24	79.68
	A2	3.96	1.21	1.35	69.58	65.92
	A3	3.25	1.30	1.45	59.98	55.33
	A4	2.11	1.39	1.56	34.16	25.96
	A5	1.88	1.39	1.68	26.24	10.80

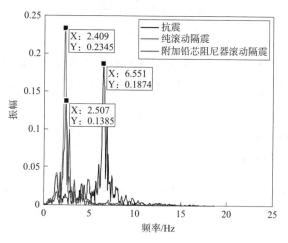

图5.13　RSN30波激励下罐中心加速度频谱曲线

图 5.14 为三条地震波作用下球形储罐罐体中部位置加速度时程曲线。罐中部加速度能够在一定程度上表征球罐水平惯性力的大小。从图中可知采用两种形式滚动隔震后罐体中部加速度响应得到有效控制，三条地震波激励下加速度峰值减震率为60% ~ 80%，说明采用滚动隔震措施后能有效降低罐体与储液对支承结构的水平惯性冲击。

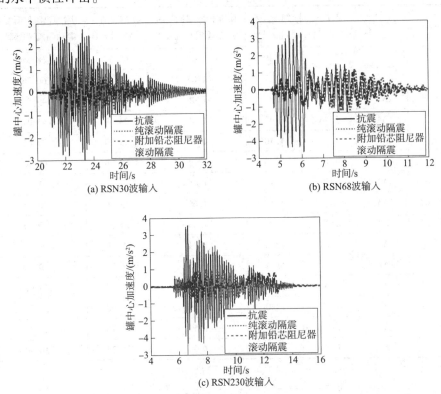

(a) RSN30波输入

(b) RSN68波输入

(c) RSN230波输入

图 5.14　罐中心加速度时程曲线

从图 5.12、图 5.14 及表 5.5 中数据不难发现纯滚动隔震状态下与附加铅芯阻尼器滚动隔震状态下的球形储罐支柱加速度峰值减震率相对接近，这与理论分析及有限元数值仿真结果相似，即通过合理设计后的铅芯阻尼器并不会对滚动隔震加速度等的减震率产生过大的影响。

5.2.6.2　位移分析

支柱 Z4 自上而下布置了 D4 ~ D7 四个位移测点，图 5.15 及表 5.6 展示了测点位置相对于柱底的位移峰值。

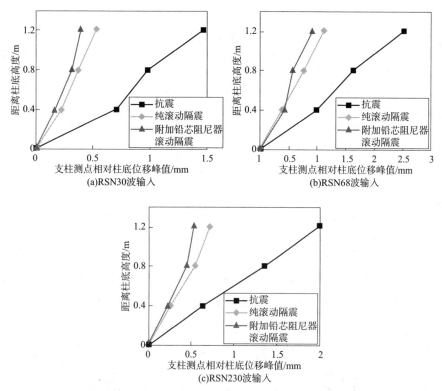

图 5.15　支柱测点相对柱底位移峰值

从图 5.15 中可知，无论抗震状态或隔震状态，球形储罐支柱相对位移均呈现沿着支柱高度逐渐增大的趋势，但采用滚动隔震后支柱相对变形大幅降低，根据表 5.6 中数据可知三条地震波激励下支柱变形减震率为 52%～76%，较大程度降低了支承体系的破坏风险。同时从表 5.6 中观察到，支柱自下而上的变形减震率波动相对较小，且总体上看相对纯滚动隔震，附加铅芯阻尼器后支柱变形减震率略微提升，铅芯阻尼器作为一种位移型阻尼器对支柱位移响应的控制有促进作用。

表 5.6　支柱测点相对柱底位移峰值及减震率

地震波	测点号	抗震/mm	纯滚动/mm	附加铅阻尼器复合滚动隔震/mm	纯滚动减震率/%	附加铅阻尼器复合滚动隔震减震率%
RSN30	D4	1.47	0.54	0.39	63.44	73.42
	D5	0.98	0.37	0.32	61.92	67.03
	D6	0.71	0.23	0.17	67.61	76.11
	D7	0	0	0	——	——

地震波	测点号	抗震/mm	纯滚动/mm	附加铅阻尼器复合滚动隔震/mm	纯滚动减震率/%	附加铅阻尼器复合滚动隔震减震率%
RSN68	D4	2.51	1.12	0.92	55.44	63.47
	D5	1.62	0.77	0.58	52.40	64.43
	D6	0.98	0.40	0.44	59.74	55.83
	D7	0	0	0	—	—
RSN230	D4	2.00	0.72	0.53	63.98	73.33
	D5	1.36	0.54	0.45	60.17	66.96
	D6	0.63	0.26	0.24	58.91	62.18
	D7	0	0	0	—	—

图 5.16 为罐体中部测点位移相对于支柱底部的位移时程曲线。从图中可知，采用两种形式的滚动隔震措施后，罐体中部相对位移大幅降低，三种地震激励作

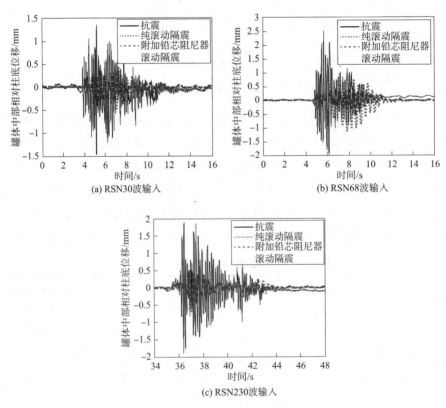

(a) RSN30波输入

(b) RSN68波输入

(c) RSN230波输入

图 5.16 罐中心相对柱底位移时程曲线

用降幅分别为62.21%、52.65%、64.69%（纯滚动隔震时），72.56%、60.88%、74.77%（附加铅阻尼器滚动隔震时）。同样地，附加铅芯阻尼器后罐体中部相对位移的减震率略高于纯滚动隔震。图5.17为三条地震波激励时的隔震层位移时程曲线。从图中可知，附加铅芯阻尼器后隔震层位移均有一定程度的降低。按上述铅芯阻尼器设计的期望目标 $\lambda_x = 0.7$，即期望附加铅芯阻尼器后隔震层位移峰值能至少降低30%，根据表5.7中数据可知三种地震激励作用下附加铅芯阻尼器后隔震层位移峰值降幅分别为39.31%、43.40%、44.77%，均达到期望目标，说明3.5.3节中所提出的铅阻尼设计方法是可行的。观察隔震层位移时程曲线可知当地震结束后无论是纯滚动隔震还是附加铅阻尼器滚动隔震的隔震层基本恢复至原位置，说明滚动隔震的震后自复位性能强，采用铅阻尼器后并不会过多影响其自复位性能。综上可知通过合理设计，铅阻尼器与滚动隔震并联减震体系对球形储罐加速度等响应减震率影响较小，但能较好地降低隔震层的相对位移，同时具备较强的自复位能力。

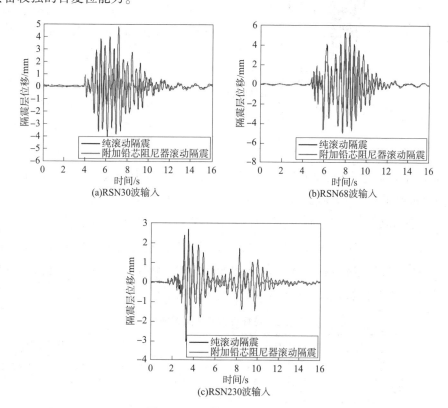

图5.17 隔震层位移时程曲线

表5.7 隔震层位移

工况	地震动输入		
	RSN30	RSN68	RSN230
纯滚动隔震/mm	4.787	5.316	3.047
附加铅阻尼器滚动隔震/mm	2.905	3.009	1.683
差异率/%	39.31	43.40	44.77

5.2.6.3 动态应力分析

采用单向应变片采集拉杆的动态应变。实际工程中由于拉杆长细比过大，通常可认为拉杆仅受拉力。通过力学变换 $\sigma = E\varepsilon$，将采集的应变数据转变为应力数据，其中弹性模量 $E = 2.06 \times 10^5\,\text{MPa}$。图5.18为RSN68地震波作用时拉杆的应力时程曲线，其中负值为动态拉应力，出现正值主要是由于拉杆装配时的预紧应力。从图5.18中可知，采用两种形式滚动隔震措施后较大程度降低了拉杆应力，且附

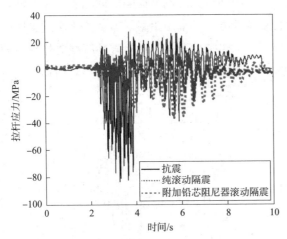

图5.18 RSN68波激励时拉杆应力时程曲线

加铅芯阻尼器后拉杆应力相对更小。正如上述位移分析时所述，附加铅芯阻尼器后球形储罐的支承体系及罐体相对变形更小，则其支承体系内力必然更小。表5.8为三条地震波激励时拉杆应力峰值及其减震率。根据表中数据可知，RSN230地震波激励下拉杆应力最大，抗震时为118.3MPa，但仍处于弹性阶段，采用两种形式的滚动隔震措施后拉杆应力峰值降低至30.5MPa、22.6MPa，远低于拉杆屈服强度，安全裕量较大，可降1~2度设防烈度设计。

表5.8 拉杆应力峰值及减震率

工况	拉杆最大应力/MPa			拉杆应力峰值减震率%		
	RSN30	RSN68	RSN230	RSN30	RSN68	RSN230
抗震	51.2	83.5	118.3	—	—	—
纯滚动隔震	20.7	36.1	30.5	59.57	56.77	74.22
附加铅阻尼器滚动隔震	16.8	26.1	22.6	67.18	68.74	80.90

5.2.7　振动台试验结果与简化动力学模型对比分析

通过振动扫频可获得模型罐抗震状态及滚动隔震状态下球形储罐的基本振动频率,将其与简化力学模型计算结果对比,如表5.9所示。

表5.9　球形储罐简化力学模型与试验结果的自振频率对比

工况	抗震	滚动隔震
简化力学模型	7.09Hz	2.35Hz
试验结果	6.66Hz	2.34Hz
差异率/%	6.46	0.43

根据表5.9中数据,试验测得抗震状态下球形储罐基本自振频率约为6.66Hz,而简化力学模型依据《石油化工钢制设备抗震设计标准》(GB/T 50761—2018)[7]中相关规定计算得模型罐自振频率为7.09Hz,略大于试验结果,两者差异率为6.46%。试验测得球形储罐滚动隔震体系基本自振频率为2.34Hz,基于本章中球形储罐滚动隔震简化动力学模型算得隔震状态下模型罐自振频率为2.35Hz,与试验结果的差异率约为0.43%。

总的来看试验测得的结构自振频率与简化力学模型计算结果十分接近,据此在一定程度上也验证了简化力学模型及滚动隔震恢复力模型的正确性。

参照振动台试验模型罐的结构,以上述 RSN30、RSN68、RSN230 三条地震波激励振动台试验中台面加速度作为理论模型的地震输入,进行简化力学模型的地震响应计算。以两种隔震状态下罐中部加速度以及隔震层位移作为控制目标,将简化力学模型的计算结果与试验结果进行对比分析,计算结果如图5.19、图5.20及表5.10、表5.11所示。

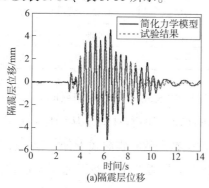

(a)隔震层位移

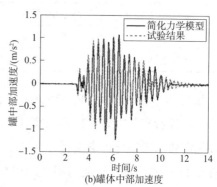

(b)罐体中部加速度

图5.19　纯滚动隔震理论模型与试验结果对比

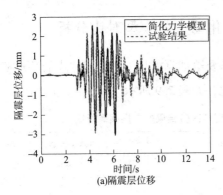 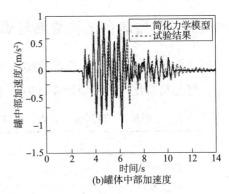

(a)隔震层位移　　　　　　　　　　　　(b)罐体中部加速度

图 5.20　附加铅芯阻尼器滚动隔震理论模型与试验结果对比

表 5.10　纯滚动隔震时理论模型峰值与试验结果峰值对比

地震响应	工况	RSN30	RSN68	RSN230
隔震层位移/mm	简化力学模型	5.027	6.078	3.456
	试验结果	4.787	5.361	3.047
差异率/%		5.01	13.37	13.42
罐体中部加速度/(m/s²)	简化力学模型	1.217	1.423	1.020
	试验结果	1.127	1.271	0.923
差异率/%		7.99	11.95	10.51

表 5.11　附加铅芯阻尼器滚动隔震时理论模型峰值与试验结果峰值对比

地震响应	工况	RSN30	RSN68	RSN230
隔震层位移/mm	简化力学模型	3.122	3.352	1.823
	试验结果	2.905	3.005	1.683
差异率/%		7.36	11.55	8.32
罐体中部加速度/(m/s²)	简化力学模型	1.073	1.225	1.030
	试验结果	0.992	1.108	0.902
差异率/%		8.17	10.56	14.19

　　图 5.19 及图 5.20 为 RSN30 地震波激励时纯滚动隔震与附加铅阻尼器复合滚动隔震两种状态下隔震层位移与罐体中部的加速度时程曲线。从图中可以看出，两种隔震状态下简化力学模型计算结果与试验数据的时程曲线十分契合。表 5.10 及表 5.11 分别为滚动隔震与附加铅阻尼器滚动隔震两种状态下隔震层位移与罐体中部的加速度峰值。根据表中数据可知，两种隔震状态下简化力学模型计算所

得隔震层位移及罐中部加速度峰值与试验数据十分接近，各工况下两者差异率均未超过15%，且理论计算结果略大于实验结果，说明理论模型的计算结果偏于保守，有利于结构的安全。通过与试验结果的对比分析，可验证本书所提出的球形储罐纯滚动隔震简化力学模型、附加铅芯阻尼器的球形储罐复合滚动隔震简化力学模型的正确性。

参考文献

[1] T. Larkin. Seismic response of liquid storage tanks incorporating soil structure interaction[J]. Journal of Geotechnical and Geoenvironmental Engineering, 2008, 134(12): 1804 – 1814.

[2] A. S. Veletsos, Y. Tang. Soil – structure interaction effects for laterally excited liquid storage tanks [J]. Earthq. Eng. Struct. Dyn, 1990, 19(4): 473 – 496.

[3] P. Ghanbari, A. Abbasi Maedeh. Dynamic behaviour of ground – supported tanks considering fluid – soil – structure interaction (Case study: southern parts of Tehran)[J]. Pollution, 2015, 1(1): 103 – 116.

[4] Miguel Ormeño, Tam Larkin, Nawawi Chouw. Experimental study of the effect of a flexible base on the seismic response of a liquid storage tank[J]. Thin – Walled Structures, 2019, 139: 334 – 346.

[5] X. Qin, Y. Chen, N. Chouw. Effect of uplift and soil nonlinearity on plastic hinge development and induced vibrations in structures[J]. Advances in Structural Engineering, 2013, 16(1): 135 – 148.

[6] 孙建刚. 立式储罐地震响应控制研究[D]. 哈尔滨：中国地震局工程力学研究所, 2002.

[7] GB/T 50761—2018 石油化工钢制设备抗震设计标准[S].

第6章 球形储罐底部附加耗能
阻尼器减震研究

本章主要针对在球形储罐底部附加耗能阻尼器这一减震体系，分别介绍了一种新型圆盘式黏弹性阻尼器和一种插销式铅芯阻尼器，建立了相应的简化力学模型并开展了减震分析。

6.1 球形储罐减震研究现状

球形储罐的主体结构包括球壳、支撑结构(支柱、拉杆)等，其中球壳用于储存液相或气相的物料，支撑结构用于承受竖向和水平荷载(其中拉杆的主要作用是承受风荷载和水平地震荷载，增加结构的稳定性)。根据以往震害调查显示，最常见的赤道正切支柱式球形储罐在经受7~9度地震烈度后，球壳基本完好无损，而其支撑结构破坏严重，包括拉杆断裂、斜拉杆之间的翼缘板两端焊缝拉裂、支耳拉断等[1]。因此研究者们针对球形储罐的抗震性能提升问题，通常对其支撑结构采取措施。

21世纪初，欧洲开启了INDEPTH计划，致力于研发适用于球形储罐等石化设备的新型减震装置[2,3]，在该项目的资助下，国外学者针对球形储罐进行了耗能减震的相关研究。所采用的主要技术手段是将球形储罐的既有支撑结构改造为耗能支撑结构，主要的方式是采用黏滞阻尼器支撑、防屈曲约束支撑等替换原有支撑体系中的拉杆构件[3-8]。研究发现采用耗能支撑比传统增强支撑刚度和强度的改造方法更有效，尤其在使用非线性黏滞阻尼器支撑替换拉杆(图6.1)时[3]。但采用黏滞阻尼器进行减震改造时其成本随着设计PGA的增大而增加。

2008年，以色列环境保护部门首次发布了工业和危险品抗震设计和改造的初步要求文件[9]，该国学者和工程师Yaron Offir和Emad NSIERI等人采用非线性黏滞阻尼器支撑替换拉杆的方式对当地某化工厂球形储罐进行抗震改造，通过有限元数值仿真方法进行了非线性时程分析，简要讨论了使用黏滞阻尼器进行抗震改造的优势。此外国外学者 Curadelli O.[10]提出了一种附加金属消能减震的支撑结构用于球形储罐的抗震性能提升，并采用有限元数值仿真技术对此种减震方式进行了可靠度评估。近年来，John C. Drosos 等人提出可采用摩擦阻尼器支撑替换、改造原支撑结构，达到提升球形储罐抗震可靠度的目的[11]。

针对球形储罐耗能减震的相关问题我国学者也开展了一些研究工作。与国外研究相似，我国学者也大多采用耗能阻尼器替换拉杆的方式进行球形储罐减震研究，所使用的阻尼器包括黏滞阻尼器[12-15]、摩擦阻尼器[12,13]、黏弹性阻尼器[16-18]等，主要的研究手段则是采用有限元数值仿真分析方法或理论分析方法，评估减震措施的有效性。

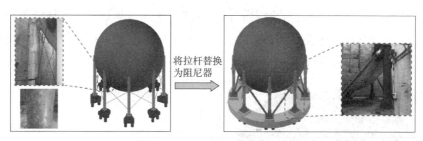

将拉杆替换为阻尼器

图6.1　采用非线性黏滞阻尼器支撑替换拉杆[28]

近年来学者们基于耗能减震原理在提升球罐支撑结构耗能机制方面开展了大量研究，极大地促进了球形储罐减震技术的发展，同时也面临新的问题（表6.1）。目前所采用的减震方式对球形储罐原有结构改动相对较大，容易忽视拉杆的抗风及维持结构整体性等除抗震外的其他功能，同时所需装置的阻尼器数量相对较多，工程造价偏高，尤其耗能阻尼器输出的阻尼力直接作用于支柱，可能使其处于局部集中受力的不利状态。当前球形储罐减震技术的研究和应用存在适用性和有效性不完善的瓶颈问题。

表6.1　球形储罐减震技术应用研究面临的问题及提出的对策

核心问题	减震方式	存在的问题	本项目提出的对策
支撑体系中支柱的抗震安全	将既有支撑体系中的拉杆替换为各类耗能阻尼器	阻尼器与支柱连接处仍旧处于集中受力的不利状态	在既有支撑体系的基础上增设耗能支撑
		忽略了拉杆的抗风功能	保留既有支撑体系

针对目前球形储罐减震体系存在的问题，有学者和工程技术人员已开始寻找新的减震结构体系。我国学者高云鹏和赵鸣等人[19,20]提出了一种球形储罐耗能

柱脚的减震形式，此类减震形式不影响球罐原来的结构体系（如不影响拉杆的连接等），通过释放支柱的竖向约束，采用金属阻尼器连接基础和支柱，地震作用时，支柱发生提离带动金属阻尼器发生塑性变形消耗地震能量。目前高云鹏、赵鸣等人采用有限元数值仿真的方法进行了球形储罐耗能柱脚减震性能的初步探讨，但该类减震形式在地震作用下所产生的不利影响，以及储罐内储液的多少对减震系统的影响有待进一步研究[19,20]。

通过第 4 章的仿真分析可知地震作用时球形储罐的动态行为更像是一种由多根支柱支撑的具有刚性梁的框架[21]，如图 6.2(b)所示。因此可充分利用球壳的刚性特质及其与地面之间的相对位移，在球罐底部与地面间设置不同形式的阻尼器，球壳摆动带动阻尼器往复振动消耗地震能量，同时阻尼器提供的阻尼力也能分担支柱与拉杆所承受的水平地震荷载。在球罐底部与基础间装置耗能阻尼器与常规框架结构中装置耗能阻尼器类似，只是框架中阻尼器只在框架平面内提供阻尼力，而球罐底部装置的阻尼器需设计成在水平面内各个方向均提供阻尼力。

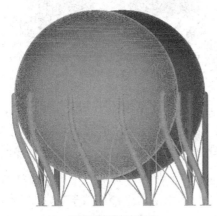

(a)球形储罐基本振型　　　　　　　　　(b)刚性梁抗弯框架

图 6.2　球形储罐振型示意图

实际上，在 20 世纪 70 年代，日本学者下坂茂[22]和山下一雄等人[23]便尝试将单轴的油压减震器和 VEM(Visco‑Elastic Material)减震器装置于球壳底部用于在役球形储罐的抗震性能提升。通过在球罐底部与基础之间的水平面内以 120°（或更小角度）伸张开的型式安装至少 3 个油压减震器或 VEM 减震器[22,23]，以此应对不同方向的地震作用。但由于当时工业水平和减震技术相对落后，直接借鉴汽车、铁路车辆、高速公路与桥梁等使用的油减震器[15]，减震效果受外部因素（温度，外部激励振幅、频率等）影响较大。随着减震技术的发展，可以研制更加经济、适用且更有效的新型耗能阻尼器，提出新的阻尼器装配方式来解决以往研究中存在的问题。鉴于此，本章针对这一减震形式分别介绍了一种新型圆盘式黏弹性阻尼器[24]和一种插销式铅芯阻尼器[25]，阻尼器在水平各方向具有相同的力学性能，因此只需要在球罐底部装置一个阻尼器即可满足水平各方向的减震需求。

6.2　球形储罐罐底附加黏弹性阻尼器减震研究

6.2.1　球形储罐罐底附加黏弹性阻尼器减震体系构成

提出在球罐底部附加圆盘式黏弹性阻尼器，并通过支承结构将阻尼器与地面固接，其实质为增加阻尼耗散地震能量的同时通过增加约束来分担罐体与支柱连接处及支承体系的受力，减震体系简图如图 6.3 所示。

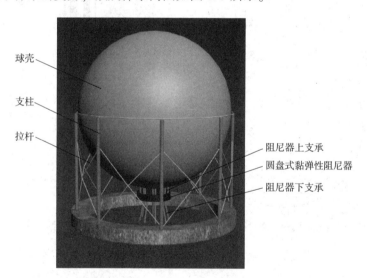

图6.3　球形储罐罐底附加黏弹性阻尼器减震体系结构示意图

圆盘黏弹性阻尼器由上中下三层钢板及两层黏弹性阻尼材料制成，中间层钢板通过钢支承与球罐底部相连，上下两层钢板连接为一个整体通过下支承与地面固接。圆盘周边开槽放置钢制滚珠，确保阻尼层只受水平剪切力。圆盘式黏弹性阻尼器设计图如图 6.4 所示。

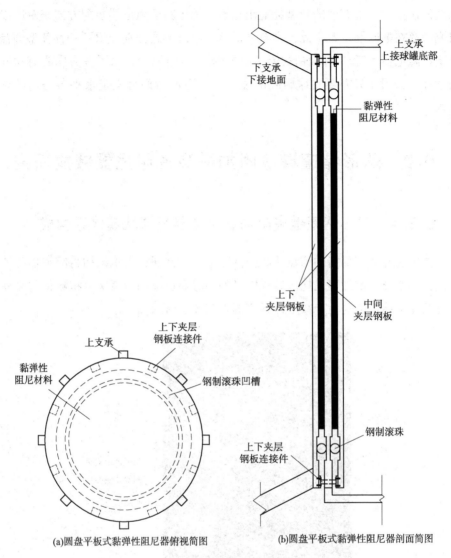

(a)圆盘平板式黏弹性阻尼器俯视简图　　　　(b)圆盘平板式黏弹性阻尼器剖面简图

图6.4　减震体系简图

6.2.2　球形储罐罐底附加黏弹性阻尼器减震体系简化力学模型

黏弹性阻尼器顾名思义是由黏弹性材料制成，地震动作用时其对结构同时输出弹性刚度恢复力及黏滞阻尼力。国内外学者对黏弹性阻尼器恢复力模型研究得比较多[26]，目前主要有 Maxwell 模型、Kelvin 模型、等效标准固化模型、等效刚度阻尼模型等。等效刚度阻尼模型是由 Chang K C 等[27]提出，其理论及计算简单，工程应用比较广泛，由此本书黏弹性阻尼器恢复力模型采用等效刚度阻尼模型。

黏弹性阻尼器在简谐荷载 $P_0\sin(\omega t)$ 作用下的运动控制方程可表示为：

$$m_{\rm d}\ddot{x} + P = P_0\sin(\omega t) \tag{6.1}$$

式中　$m_{\rm d}$，x，P——分别为阻尼器质量，阻尼器相对位移及输出的恢复力；

　　　　P——包括刚度恢复力及阻尼恢复力两部分，分别表示为：$P_1 = k_{\rm d}x$，$P_2 = c_{\rm d}\dot{x} = \dfrac{\eta k_{\rm d}}{\omega}\dot{x}$；

　　　　$k_{\rm d}$，η——分别为黏弹性阻尼器等效刚度及损耗因子。

根据文献[27]可知等效刚度系数和阻尼系数可表示为：

$$k_{\rm d} = \frac{nG'A}{t}；\ c_{\rm d} = \frac{nG''A}{\omega t} \tag{6.2}$$

式中　G'，G''——分别为黏弹性阻尼材料储能剪切模量及损耗剪切模量；

　　　　n，t，A——分别表示黏弹性阻尼层数，每层高度及面积。

因此本书设计黏弹性阻尼器力学模型如图6.5所示。图中 $k_{\rm s1}$，$k_{\rm s2}$ 为上下支承刚度，$c_{\rm s1}$，$c_{\rm s2}$ 为上下支承阻尼系数，$m_{\rm s1}$，$m_{\rm s2}$ 为上下支承质量。

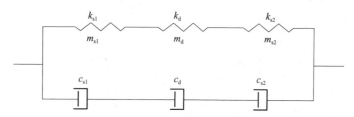

图6.5　黏弹性阻尼器力学模型

将球罐抗震简化力学模型与黏弹性阻尼器组合，便可得球形储罐罐底附加黏弹性阻尼器的简化力学模型，如图6.6所示。

图6.6中 $h_{\rm s1}$，$h_{\rm d}$，$h_{\rm s2}$ 分别为上支承等效高度，黏弹性阻尼器等效高度，下支承等效高度；$a_{\rm c}$，a_0，$a_{\rm d}$，$a_{\rm s2}$ 分别为晃动分量绝对位移，罐壁绝对位移，黏弹性阻尼器绝对位移，下支承绝对位移，则结构的运动方程为：

$$m_{\rm s2}\ddot{a}_{\rm s2} + c_{\rm s2}\dot{a}_{\rm s2} + k_{\rm s2}a_{\rm s2} - c_{\rm d}(\dot{a}_{\rm d} - \dot{a}_{\rm s2}) - k_{\rm d}(a_{\rm d} - a_{\rm s2}) = -m_{\rm s2}\ddot{x}_{\rm g}$$

$$m_{\rm d}\ddot{a}_{\rm d} + c_{\rm d}(\dot{a}_{\rm d} - \dot{a}_{\rm s2}) + k_{\rm d}(a_{\rm d} - a_{\rm s2}) - c_{\rm s1}(\dot{a}_0 - \dot{a}_{\rm d}) - k_{\rm s1}(a_0 - a_{\rm d}) = -m_{\rm d}\ddot{x}_{\rm g}$$

$$(m_{\rm s} + m_{\rm r} + m_{\rm s1})\ddot{a}_0 + c_{\rm r}\dot{a}_0 + k_{\rm r}a_0 + c_{\rm s1}(\dot{a}_0 - \dot{a}_{\rm d}) + k_{\rm s1}(a_0 - a_{\rm d}) \tag{6.3}$$

$$- c_{\rm c}(\dot{a}_{\rm c} - \dot{a}_0) - k_{\rm c}(a_{\rm c} - a_0) = -(m_{\rm s} + m_{\rm r} + m_{\rm s1})\ddot{x}_{\rm g}$$

$$m_{\rm c}\ddot{a}_{\rm c} + c_{\rm c}(\dot{a}_{\rm c} - \dot{a}_0) + k_{\rm c}(a_{\rm c} - a_0) = -m_{\rm c}\ddot{x}_{\rm g}$$

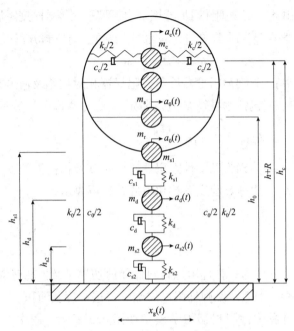

图6.6　黏弹性阻尼器初始简化力学模型

矩阵形式为：

$$
\begin{bmatrix} m_{s2} & & & \\ & m_d & & \\ & & m_{s1}+m_r+m_s & \\ & & & m_c \end{bmatrix} \begin{bmatrix} \ddot{a}_{s2} \\ \ddot{a}_d \\ \ddot{a}_0 \\ \ddot{a}_c \end{bmatrix}
$$

$$
+ \begin{bmatrix} c_{s2}+c_d & -c_d & & \\ -c_d & c_d+c_{s1} & -c_{s1} & \\ & -c_{s1} & c_r+c_{s1}+c_c & -c_c \\ & & -c_c & c_c \end{bmatrix} \begin{bmatrix} \dot{a}_{s2} \\ \dot{a}_d \\ \dot{a}_0 \\ \dot{a}_c \end{bmatrix}
$$

$$
+ \begin{bmatrix} k_{s2}+k_d & -k_d & & \\ -k_d & k_d+k_{s1} & -k_{s1} & \\ & -k_{s1} & k_r+k_{s1}+k_c & -k_c \\ & & -k_c & k_c \end{bmatrix} \begin{bmatrix} a_{s2} \\ a_d \\ a_0 \\ a_c \end{bmatrix}
$$

$$
= - \begin{bmatrix} m_{s2} \\ m_d \\ m_{s1}+m_r+m_s \\ m_c \end{bmatrix} \ddot{x}_g
$$

(6.4)

可推知作用于球罐支柱底部的基底剪力为：

$$Q'(t) = -(m_r + m_s + m_{s1})[\ddot{x}_g(t) + \ddot{a}_0(t)] - m_c[\ddot{x}_g(t) + \ddot{a}_c(t)]$$
$$- k_{s1}[a_0(t) - a_d(t)] - c_{s1}[\dot{a}_0(t) - \dot{a}_d(t)] \tag{6.5}$$

总的基底剪力：

$$Q(t) = -(m_r + m_s + m_{s1})[\ddot{x}_g(t) + \ddot{a}_0(t)] - m_c[\ddot{x}_g(t) + \ddot{a}_c(t)]$$
$$- m_d[\ddot{x}_g(t) + \ddot{a}_d(t)] - m_{s2}[\ddot{x}_g(t) + \ddot{a}_{s2}(t)] \tag{6.6}$$

总的倾覆弯矩：

$$M(t) = -(m_r h_0 + m_s(h + R) + m_{s1} h_{s1})[\ddot{x}_g(t) + \ddot{a}_0(t)] - m_c[\ddot{x}_g(t) + \ddot{a}_c(t)]h_c$$
$$- m_d[\ddot{x}_g(t) + \ddot{a}_d(t)]h_d - m_{s2}[\ddot{x}_g(t) + \ddot{a}_{s2}(t)]h_{s2} \tag{6.7}$$

黏弹性阻尼器下支承的基底剪力：

$$Q''(t) = Q(t) - Q'(t) \tag{6.8}$$

实际工程中设计黏弹性阻尼减震体系时，为了使黏弹性阻尼器充分发挥耗能作用，需使减震系统相对位移主要发生在黏弹性阻尼器处，即上下支承的刚度应远大于阻尼器等效刚度 k_{s1}，$k_{s2} \gg k_d$，则可将上、下支承视为刚体分别与球罐和地面固接。同时因为黏弹性阻尼系统质量相对于球罐来说十分小，且抗震设计的主要控制目标为球罐支柱体系，因此实际工程抗震设计时为简化计算可忽略下支承质量影响，将上支承及阻尼器质量集中于球罐底部，黏弹性阻尼系统简化为一个等效刚度参数及等效阻尼参数。则球形储罐罐底附加黏弹性阻尼器简化力学模型得到进一步简化，二次简化力学模型如图6.7所示。

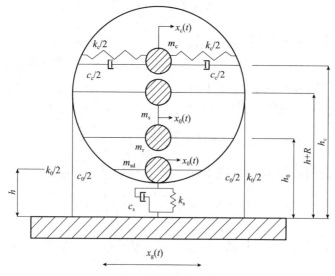

图6.7　二次简化力学模型

其中 $k_s = \dfrac{1}{\dfrac{1}{k_{s1}} + \dfrac{1}{k_d} + \dfrac{1}{k_{s2}}}$，$c_s = c_d$，$m_{sd} = m_{s1} + m_d$。简化力学模型对应运动控制

方程为：

$$\begin{bmatrix} m_c & m_c \\ m_c & m_c + m_r + m_s + m_{sd} \end{bmatrix} \begin{Bmatrix} \ddot{x}_c(t) \\ \ddot{x}_0(t) \end{Bmatrix} + \begin{bmatrix} c_c & \\ & c_0 + c_s \end{bmatrix} \begin{Bmatrix} \dot{x}_c(t) \\ \dot{x}_0(t) \end{Bmatrix}$$
$$+ \begin{bmatrix} k_c & \\ & k_0 + k_s \end{bmatrix} \begin{Bmatrix} x_c(t) \\ x_0(t) \end{Bmatrix} = - \begin{Bmatrix} m_c \\ m_c + m_r + m_s + m_{sd} \end{Bmatrix} \ddot{x}_g(t) \tag{6.9}$$

作用于球罐支柱底部的基底剪力为：

$$Q'(t) = -(m_r + m_s + m_{sd}) \left[\ddot{x}_g(t) + \ddot{x}_0(t) \right] - m_c \left[\ddot{x}_g(t) + \ddot{x}_0(t) + \ddot{x}_c(t) \right]$$
$$- k_s x_0 - c_s \dot{x}_0 \tag{6.10}$$

倾覆弯矩为：

$$M(t) = -(m_r h_r + m_s(h + R) + m_{sd} h) \left[\ddot{x}_g(t) + \ddot{x}_0(t) \right]$$
$$- m_c h_c \left[\ddot{x}_g(t) + \ddot{x}_0(t) + \ddot{x}_c(t) \right] \tag{6.11}$$

6.2.3 黏弹性阻尼器设计

现阶段黏弹性阻尼器的设计主要有与现行规范相结合的设计方法、期望阻尼比设计法及修正系数设计法，而本书提出的在球罐底部装置阻尼器的减震方式由于只安装一个阻尼器，设计过程极大简化。根据模态应变能法可得如下公式：

$$\xi_d = \xi_c + \frac{\eta - 2\xi_c}{\eta} \left(1 - \frac{\omega_s^2}{\omega_{sd}^2} \right) \tag{6.12}$$

ξ_d 表示附加黏弹性阻尼器后阻尼比；ξ_c 表示球形储罐阻尼比，根据《构筑物抗震设计规范》[28]可取 0.035；η 为损耗因子；ω_s，ω_{sd} 分别为不附加阻尼器时结构自振频率，附加阻尼器后自振频率。

根据上述内容，式(6.12)可以写为：

$$\xi_d = 0.035 + \frac{\eta - 0.07}{\eta} \left(\frac{k_d}{k_0 + k_d} \right) \tag{6.13}$$

现假设黏弹性阻尼器等效刚度 $k_d = \lambda k_0$，则式(6.13)可写为：

$$\xi_d = 0.035 + \frac{\eta - 0.07}{\eta} \left(\frac{\lambda}{1 + \lambda} \right) \tag{6.14}$$

根据规范[14]可算得附加黏弹性阻尼器后结构基本周期 $T_{sd} = 2\pi \sqrt{\dfrac{m_{eq}}{(1 + \lambda) k_0}}$，

有了阻尼比及基本周期便可根据抗震设计反应谱得出地震影响系：

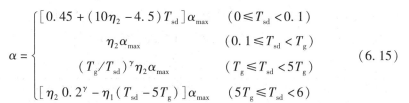

$$\alpha = \begin{cases} [0.45 + (10\eta_2 - 4.5)T_{sd}]\alpha_{max} & (0 \leqslant T_{sd} < 0.1) \\ \eta_2\alpha_{max} & (0.1 \leqslant T_{sd} < T_g) \\ (T_g/T_{sd})^\gamma\eta_2\alpha_{max} & (T_g \leqslant T_{sd} < 5T_g) \\ [\eta_2 0.2^\gamma - \eta_1(T_{sd} - 5T_g)]\alpha_{max} & (5T_g \leqslant T_{sd} < 6) \end{cases} \quad (6.15)$$

其中：$\eta_2 = 1 + \dfrac{0.05 - \xi_d}{0.08 + 1.6\xi_d}$；$\gamma = 0.9 + \dfrac{0.05 - \xi_d}{0.3 + 6\xi_d}$；$\eta_1 = 0.02 + \dfrac{0.05 - \xi_d}{4 + 32\xi_d}$。

球罐结构水平地震作用总的基底剪力 $Q = \alpha m_{ep}g$。由上述可知地震影响系数 α 是 λ 的函数。根据经济性及安全性原则，地震动作用时黏弹性阻尼器承担的剪力应不小于总剪力的一定比例[26]，即 $Q'' \geqslant \varphi Q$，φ 为比例系数，一般取 $0.4 \sim 0.6$。按静力学力的分配原则可得 $k_d \geqslant \varphi(k_d + k_0)$，进而可推得：

$$\frac{\lambda}{1 + \lambda} \geqslant \varphi \quad (6.16)$$

由式(6.16)知刚度比例系数 λ，进而可算得 k_d。因为钢结构弹性层间位移限值为 $1/300$，则在弹性范围内罐体容许最大位移为 $(h + R)/300$，设黏弹性阻尼器最大剪应变为 ϕ，则有 $(h + R)/300 = \phi t$，进而根据式(6.2)可得黏弹性阻尼材料面积及等效阻尼。

6.2.4　算例分析

选取某一 $1000m^3$ 液化石油气罐为算例，Ⅳ类场地第一分组，设防烈度8度，储液量约为满罐89%，忽略其内压影响，其密度为 $480kg/m^3$，球罐直径为 $12.3m$，球心距地面8m，拉杆上部连接处距地面6m，球壳与支撑体系均采用双线性强化模型，算例参数如表6.2所示。

表6.2　球形储罐结构参数

构件	型号/mm	密度/(kg/m^3)	弹性模量/($10^{11}N/m^2$)	屈服强度/($10^8N/m^2$)	切线模量/($10^9N/m^2$)	泊松比
球壳(16MnR)	厚34	7850	2.06	2.15	2.06	0.3
支柱(10根)	$\phi426 \times 10$	7800	1.92	2.15	2.06	0.3
拉杆(10对)	直径56	7800	1.92	4.90	2.06	0.3
上支承(10根)	$\phi300 \times 30$	7800	1.92	2.15	2.06	0.3

上支柱高0.5m，在球罐底部直径为1m范围内均匀分布。下支撑为6根钢筋混凝土柱，柱高1m，截面尺寸 $350mm \times 350mm$，密度 $2400kg/m^3$，等效弹性模量 $4.03 \times 10^{10}N/m^2$。阻尼器上下钢板厚20mm，中间层钢板厚30mm，边缘开槽深度

5mm，凹槽宽75mm，钢制滚珠直径25mm。黏弹性阻尼材料室温下（20℃±4℃）参数如表6.3所示。则根据$(h+R)/300=\phi t$可得$t=15$mm。

表6.3　黏弹性阻尼器参数

参数	储能剪切模量/MPa	损耗剪切模量/MPa	损耗因子	最大剪切应变率/%
阻尼器参数	0.70	0.58	0.83	180

根据规范[28]可算得球形储罐支承系统刚度$k_0=6.86\times10^7$N/m，取$\varphi=0.4$，可得$\lambda\geqslant0.67$，取为0.67，则据式（30）可得$k_d=k_0=4.60\times10^7$N/m，进而可算得阻尼材料面积$A=(0.493\times2)$m^2，则圆盘平板式阻尼器半径为0.40m。上下支承刚度分别为：$k_{s1}=6.19\times10^9$N/m，$k_{s2}=9.1\times10^8$N/m。支承结构阻尼系数可根据Rayleigh阻尼模型得出。选择Ⅳ类场地中满足规范[28]的五条天然波和两条人工波，调整加速度时程曲线峰值为0.2g，加速度反应谱如图6.8所示，加速度时程曲线及频谱曲线如图6.9、图6.10所示。采用Newmark-β进行时程分析，计算结果如表

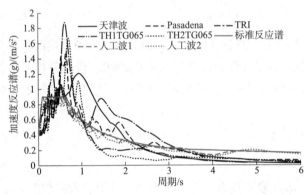

图6.8　Ⅳ类场地加速度反应谱

6.4所示。图6.11及图6.12分别为天津波地震动输入时地震动响应时程曲线及黏弹性阻尼力滞回曲线。

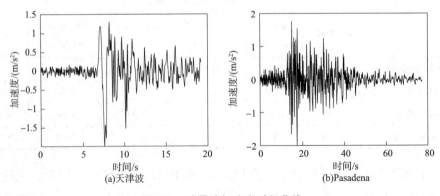

(a)天津波　　　　　　　(b)Pasadena

图6.9　地震波加速度时程曲线

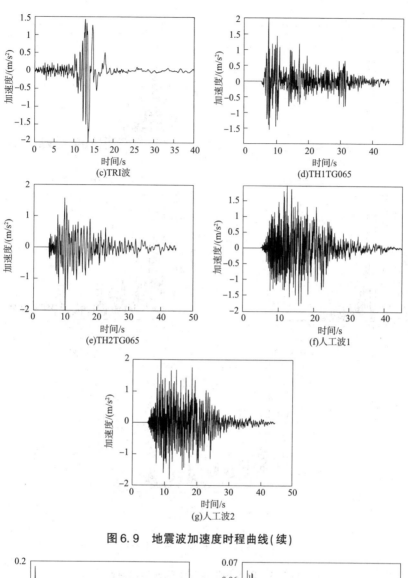

图 6.9　地震波加速度时程曲线（续）

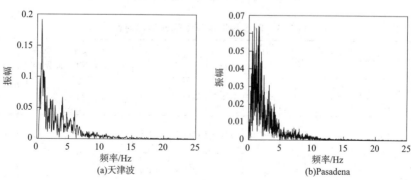

图 6.10　地震波频谱曲线

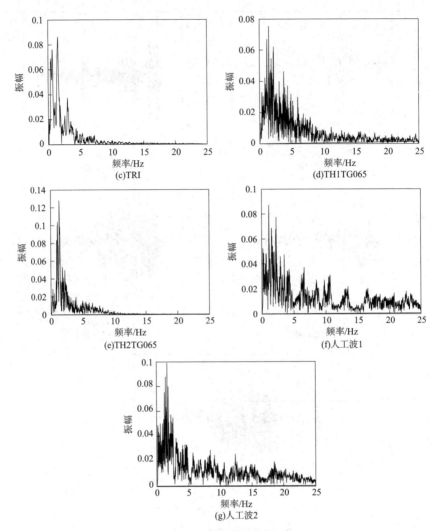

图 6.10　地震波频谱曲线（续）

表 6.4　Ⅳ类场地地震动响应峰值对比

	天津波	Pasaden-a	TRI	TH1 TG065	TH2 TG065	人工波 1	人工波 2	均值	变异系数	均值差异率/%	均值减震率/%
抗震时基底剪力/kN	2016.2	2503.1	2282.8	2219.8	2166.7	2399.0	2183.8	2253.1	0.066	—	—
初始简化模型 Q/kN	1158.8	1142.7	1392.4	989.0	1244.6	1115.3	914.8	1136.8	0.128	1.84	49.55
二次简化模型 Q/kN	1146.5	1129.5	1348.2	985.6	1230.0	1072.6	898.5	1115.8	0.124		50.48

续表

	天津波	Pasaden-a	TRI	TH1 TG065	TH2 TG065	人工波1	人工波2	均值	变异系数	均值差异率/%	均值减震率/%
初始简化模型 Q'/kN	663.4	657.4	788.1	581.0	721.0	603.2	519.13	647.6	0.128		71.26
二次简化模型 Q'/kN	633.2	626.9	737.1	560.46	691.91	554.9	419.2	603.4	0.160	6.83	73.22
抗震时倾覆弯矩/kN·m	14514.0	17880.0	16411.0	15954.0	15599.0	17269.0	15817.0	16206	0.064	—	—
初始简化模型 $M/kN·m$	8298.8	8233.6	10007.0	7069.0	8874.3	7973.4	6613.3	8152.8	0.128		49.69
二次简化模型 $M/kN·m$	8247.2	8170.4	9719.0	7086.1	8812.7	7693.3	6483.0	8030.2	0.124	1.50	50.45
抗震时晃动波高/m	0.646	1.660	1.089	1.104	1.102	1.600	1.403	1.229	0.265	—	—
初始简化模型 h_v/m	0.4445	0.6143	0.5873	0.4047	0.4145	0.8038	0.5262	0.5422	0.242		55.59
二次简化模型 h_v/m	0.4425	0.6079	0.5996	0.3954	0.4145	0.8040	0.5220	0.5408	0.246	0.25	55.99

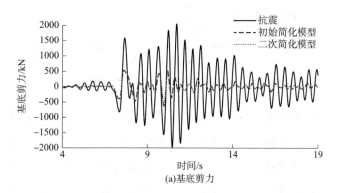

(a)基底剪力

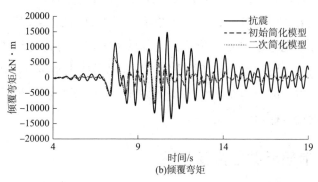

(b)倾覆弯矩

图 6.11　天津波激励下地震动响应时程曲线

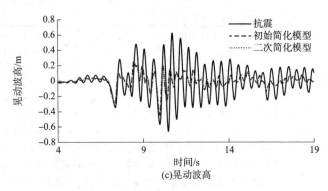

图 6.11　天津波激励下地震动响应时程曲线（续）

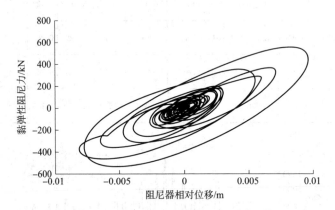

图 6.12　天津波激励下黏弹性阻尼力滞回曲线

从表 6.4 中数据可知，罐底附加黏弹性阻尼器初始简化力学模型与二次简化力学模型计算结果十分接近，最大差异率为 6.83%，且初始简化力学模型计算值均大于二次简化后计算值，因此从结构安全角度考虑，若采用二次简化力学模型进行减震设计，其计算结果应适当放大。从数据上看，在球罐底部附加黏弹性阻尼器后总的基底剪力，倾覆弯矩及晃动波高均有明显降低，减震率在 50% 左右，而对于球罐支柱来说考虑减震措施后其底部剪力减震率更是达到 70% 以上，能有效防止拉杆断裂、地脚螺栓破坏等震害。同时从数据上也可以看出，球罐支柱承担的基底剪力占总剪力的 55% 左右，则黏弹性阻尼系统承担了总剪力的 45% 左右，达到了设计目标 40%。

6.2.5　有限元数值仿真分析

依据上述工程实例，利用大型有限元软件 ADINA 建立球形储罐抗震及罐底附加黏弹性阻尼器减震有限元数值仿真模型，其中球壳选用 Shell 单元，球罐支柱及阻尼系统上支承选用 Pipe 单元，拉杆选用 Truss 单元，储液选用势流体单元，阻尼系统下支柱采用 Beam 单元，黏弹性阻尼器选用 Spring 单元模拟。有限元数值仿真模型如图 6.13 所示。以加速度峰值为 0.2g 的 TH1TG065 作为地震动输入进行地震动响应分析，计算结果如图 6.14 所示。

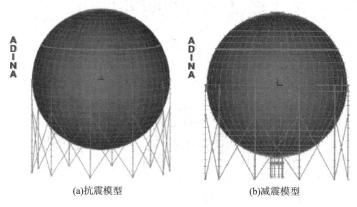

(a)抗震模型　　　　　(b)减震模型

图 6.13　有限元数值仿真模型

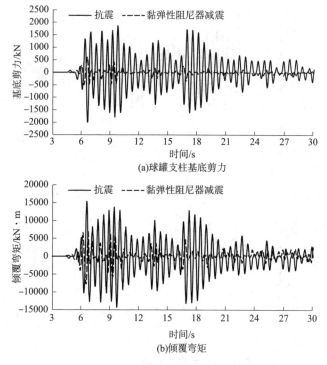

(a)球罐支柱基底剪力

(b)倾覆弯矩

图 6.14　有限元分析时程曲线

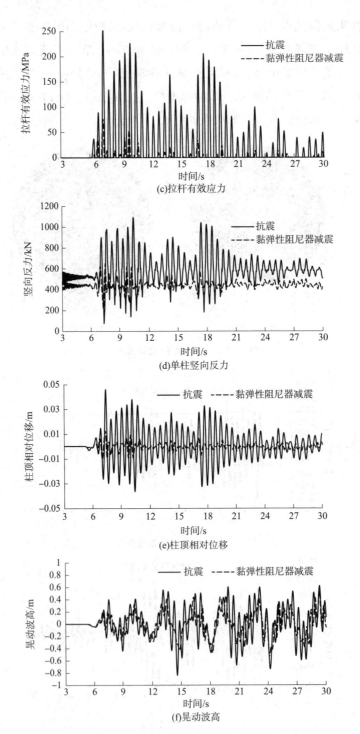

(c)拉杆有效力

(d)单柱竖向反力

(e)柱顶相对位移

(f)晃动波高

图 6.14 有限元分析时程曲线(续)

从图 6.14 可知，在球罐底部附加黏弹性阻尼器后各工况值均大幅降低。球罐支柱基底剪力峰值及左边单柱竖向反力峰值由抗震时的 1993.3kN、1092.4kN，减小到 603.9kN、726.9kN，减震率分别为 69.70%、33.46%，说明采用减震措施后能有效防止地脚螺栓的破坏。倾覆弯矩峰值由 15410.4kN·m 降低为 7703.9kN·m，减震率为 50.01%，降低了球罐在地震作用时的倾覆倾倒风险。拉杆有效应力峰值由 275.4MPa 减少为 83.4MPa，远低于拉杆屈服应力 490MPa。图 6.14(e) 中柱顶相对位移由 0.046m 减小为 0.012m，球罐支承体系层间位移角由 1/174 降低为 1/667，支柱内力大幅降低，说明采用阻尼器后能有效防止变形过大造成支柱弯曲破坏。图 6.14(f) 中晃动波高峰值由抗震时的 0.84m 减小到 0.53m，说明在罐底附加黏弹性阻尼器后能在一定程度控制储液的晃动。

6.2.6　数值解与有限元解对比分析

以上述七条Ⅳ类场地地震波作为地震动输入，考虑均值效应后将有限元模型计算得出的基底剪力、倾覆弯矩及晃动波高分别与理论解对比，计算结果如表 6.5 所示。

表 6.5　有限元解与理论解对比分析

	天津波	Pasadena	TRI	TH1T G065	TH2T G065	人工波 1	人工波 2	均值	变异系数	均值与理论解的差异率/%
抗震时基底剪力	2040.0	2256.2	2305.5	1993.3	1877.5	1976.7	1938.1	2055.3	0.073	8.78
减震后 Q/kN	1285.7	1249.0	1415.9	1111.0	1312.0	1024.6	947.9	1192.3	0.131	−4.88 −6.86
减震后 Q′/kN	671.4	661.6	781.9	603.9	695.4	549.1	495.9	637.0	0.139	1.54 −5.57
抗震时倾覆弯矩	13475.1	17831.6	18119.7	15410.4	14397.4	14997.5	14010.2	15463	0.110	4.59
减震后 M/kN·m	9068.2	8792.9	9956.0	7703.9	9251.9	7196.4	6700.6	8381.4	0.132	−2.80 −4.37
抗震时晃动波高	0.91	1.685	0.954	0.838	0.955	1.603	1.424	1.196	0.280	2.69
减震后 h_v/m	0.471	0.656	0.634	0.398	0.548	0.769	0.634	0.587	0.196	−8.26 −8.54

从表 6.5 中数据可以看出，对抗震结构来说各工况理论解均比有限元解大，最大差异率为基底剪力的 8.78%。而考虑黏弹性阻尼减震措施后理论分析计算结果较有限元值偏小，最大差异率为晃动波高的 −8.54%。因此当采用简化力学模型进行

减震设计时，其计算结果可适当放大，从结构安全性考虑放大系数可取 1.1～1.2。总的来说理论解与有限元解十分接近，相互验证了计算结果的准确性。

6.3　球形储罐罐底附加铅阻尼器减震研究

6.3.1　新型插销式铅阻尼器结构型式

铅是塑性变形能力非常强的一种金属，且因为其具有动态再结晶的特点，即具有较强耗能能力和常温下不发生累积塑性疲劳的优点，因此常被用来制作阻尼器。目前利用铅制作的阻尼器可分为挤压式铅阻尼器，剪切型铅阻尼器及弯曲型铅阻尼器(圆柱形铅阻尼器和异型铅阻尼器)，其中一些阻尼器已在隔震和耗能减震工程中得到应用。对于球形储罐来说铅剪切型阻尼器较为适用，但此类铅阻尼器存在焊接难和污染环境的不足。因此设计了一种插销式的铅棒剪切型阻尼器，设计简图如图6.15所示。

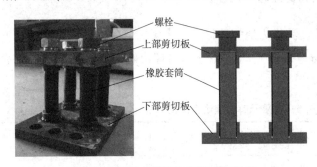

图6.15　插销式的铅棒剪切型阻尼器

橡胶筒铅棒插销式阻尼器的结构型式为：将铅棒挤压插入底部的楔形橡胶筒内，橡胶筒与铅棒制成插栓，将插栓插入开孔钢板中，其中上部钢板为贯穿孔，下部钢板未贯穿。钢板开孔需比橡胶筒尺寸略小，利用橡胶的挤压受力使插栓固定，同时插栓顶部也采用螺栓封头压实固定。橡胶筒铅棒插销式阻尼器避开了铅与钢材焊接的难点，采用橡胶筒变形受力及插栓上下端挤压锚固的形式固定铅棒，同时具有易安装、易拆卸、易更换的特点。

6.3.2　铅阻尼器力学性能有限元数值仿真

采用数值仿真手段对插销式铅阻尼器进行拟静力滞回研究，阻尼器尺寸及参数如表6.6所示。由于上部螺栓封头的作用是给铅棒提供竖向的约束，因此建模时通过给铅棒顶端提供竖向附加约束的方式来替代螺栓作用。建模中橡胶管与钢板之间采用的是 ADINA 软件中自带的"干摩擦"接触，能够较为精确地描述受压滑动摩擦过程。

表6.6 阻尼器尺寸

构件	尺寸
铅芯	半径(15mm)×长(180mm)×4根
橡胶套管	内径(30mm)×外径(34mm)×长(180mm)×4根
上下钢板	长(200mm)×宽(200mm)

铅芯材料弹性模量 $E = 16.54$ GPa，泊松比0.42，屈服强度10.5 MPa，铅芯有效耗能段100mm。钢板弹性模量 $E = 2.15 \times 10^{11}$ Pa。有限元模型如图2所示。拟静力滞回研究采用正弦位移激励 $y = A(t) \sin\left(\dfrac{\pi}{2} t\right)$，激励周期4s，激励曲线如图3所示。计算所得阻尼力滞回曲线及骨架曲线如图6.16、图6.17所示。从图6.17中可以看出，阻尼器恢复力滞回曲线十分饱满，图6.17(b)显示位移十分小的情况下铅芯已进入屈服阶段开始耗能，屈服位移点在 $0.3 \sim 0.5$ mm。

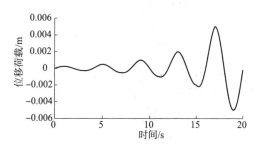

图6.16 位移激励荷载

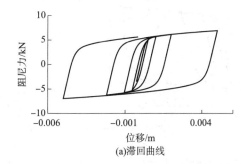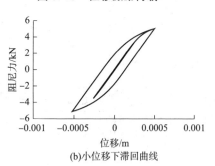

(a)滞回曲线 (b)小位移下滞回曲线

图6.17 铅阻尼器阻尼力滞回曲线

6.3.3 插销式铅阻尼器 Bouc – Wen 恢复力模型

对铅来说，通常采用双线性模型来模拟其本构关系。对所提出的插销式铅阻尼器来说，表现为橡胶和铅芯共同作用受力，因此考虑到橡胶筒的作用，采用 Bouc – Wen 光滑型恢复力模型。Bouc – Wen 恢复力模型的数学表达式为：

$$f_s(u, z) = \alpha k u + (1 - \alpha) k z \qquad (6.17)$$

$$\dot{z} = A\dot{u} - \beta|\dot{u}||z|^{\mu-1}z - \gamma\dot{u}|z|^{\mu} \qquad (6.18)$$

式中　k——结构的弹性刚度；

　　　α——屈服后与屈服前的水平刚度之比；

　　　z——滞变位移；

　　　u——相对位移；

A，β，γ，μ 等参数可通过参数识别得到。

对上述插销式阻尼器力学性能进行参数识别，可得 Bouc-Wen 恢复力模型各参数(表6.7)。Bouc-Wen 模型滞回曲线与数值仿真滞回曲线对比见图6.18，从图中 Bouc-Wen 模型滞回曲线与数值仿真滞回曲线对比可以看出 Bouc-Wen 模型与数值仿真值十分接近，说明采用 Bouc-Wen 恢复力模型可较好模拟插销式铅阻尼器力学性能。

表6.7　Bouc-Wen 恢复力模型各参数

	A	β	γ	μ	$k/(\text{N/m})$	α
参数值	1.55	1.35×10^8	3.1×10^8	2.481	13934180	0.0221

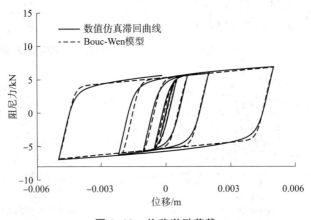

图6.18　位移激励荷载

6.3.4　球形储罐罐底附加铅阻尼器简化力学模型

为了更加真实地反应球形储罐在地震动作用时的液固耦联振动动力响应，基于第2章中球形储罐考虑储液晃动时的简化动力学模型，构建了球形储罐考虑储液晃动时罐底附加铅阻尼器时的简化力学模型及相应的运动控制方程。简化力学模型如图6.19所示。

图中 m_s，m_{s1}，m_c，m_r，h_c，h_0 分别表示罐体质量，阻尼器质量，储液晃动分量集中质量点，刚性分量集中质量点，晃动分量等效高度及刚性分量等效高度，可根据第 2 章相关公式求解。另 k_c，c_c 分别为：晃动分量刚度 $k_c = m_c \omega^2$，晃动分量阻尼 $c_c = 2\xi\omega m_c$，ξ 为晃动阻尼比，通常取 0.005，ω 为储液晃动频率。k_0，c_0 分别为支承结构的刚度和

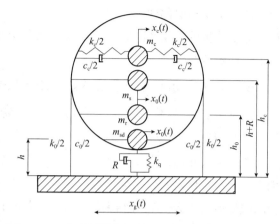

图 6.19　球形储罐罐底附加铅阻尼器简化力学模型

阻尼，可根据规范[28]相关公式得出。$k_q = \alpha k u$ 为铅阻尼器屈服后等效刚度，R 为铅阻尼器滞后力。由 Hamilton 原理，可推导简化力学模型相应的运动方程：

$$\begin{bmatrix} m_c & m_c \\ m_c & m_c + m_r + m_s + m_{sd} \end{bmatrix} \begin{Bmatrix} \ddot{x}_c(t) \\ \ddot{x}_0(t) \end{Bmatrix} + \begin{bmatrix} c_c & \\ & c_0 \end{bmatrix} \begin{Bmatrix} \dot{x}_c(t) \\ \dot{x}_0(t) \end{Bmatrix}$$

$$+ \begin{bmatrix} k_c & \\ & k_0 + k_q \end{bmatrix} \begin{Bmatrix} x_c(t) \\ x_0(t) \end{Bmatrix} = - \begin{Bmatrix} m_c \\ m_c + m_r + m_s + m_{sd} \end{Bmatrix} \ddot{x}_g(t) - \begin{Bmatrix} \\ R(t) \end{Bmatrix} \tag{6.19}$$

作用于球罐支柱底部的基底剪力为：

$$Q'(t) = - (m_r + m_s + m_{sd})[\ddot{x}_g(t) + \ddot{x}_0(t)] - m_c[\ddot{x}_g(t) + \ddot{x}_0(t) + \ddot{x}_c(t)] - F_d \tag{6.20}$$

式中　F_d——阻尼器承担的基底剪力。

总基底剪力：

$$Q(t) = - (m_r + m_s + m_{sd})[\ddot{x}_g(t) + \ddot{x}_0(t)] - m_c[\ddot{x}_g(t) + \ddot{x}_0(t) + \ddot{x}_c(t)] \tag{6.21}$$

倾覆弯矩为：

$$M(t) = - (m_r h_r + m_s(h + R) + m_{sd}h)[\ddot{x}_g(t) + \ddot{x}_0(t)] - m_c h_c[\ddot{x}_g(t) + \ddot{x}_0(t) + \ddot{x}_c(t)] \tag{6.22}$$

6.3.5　算例分析

为将数值分析计算结果与模拟地震振动台实验进行对比，以 1000m^3 球罐为

原型罐，根据相似比理论，取 $10m^3$ 的球罐作为缩尺模型进行数值分析，验证理论与数值分析的可靠性，同时给出原型罐某 $1000m^3$ 球罐的数值分析结果，验证数值分析的可靠性。

6.3.5.1　$10m^3$ 液化石油气球形储罐算例

取某个 $10m^3$ 液化石油气球形储罐，在球罐底部装置上述尺寸的插销式铅阻尼器，从理论分析角度进行地震动响应研究。分别选择四类场地中满足规范[28]的五条天然波和两条人工波对球形储罐简化力学模型和有限元数值仿真模型进行地震动响应对比研究，四类场地波加速度反应谱如图 6.20 所示，调整加速度时程曲线峰值为 $0.2g$，计算结果如表 6.8 ~ 表 6.11 所示。

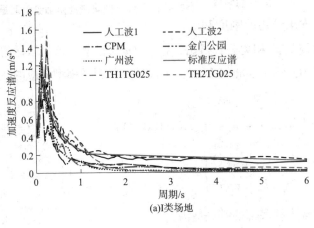

(a)I类场地

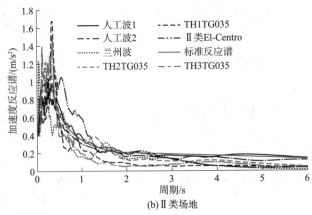

(b)II类场地

图 6.20　加速度反应谱

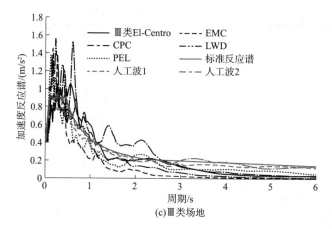

(c)Ⅲ类场地

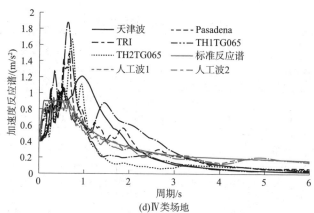

(d)Ⅳ类场地

图6.20 加速度反应谱(续)

表6.8 Ⅰ类场地地震动响应对比

地震响应	TH1TG025	TH2TG025	CPM	广州波	金门公园	人工波1	人工波2	均值	变异系数	均值减震率/%
抗震时 Q/kN	31.24	46.87	20.74	39.96	29.01	24.04	37.70	32.79	0.261	
减震 Q/kN	15.44	21.95	16.85	23.19	16.86	14.69	16.31	17.90	0.171	45.42
减震 Q'/kN	10.07	11.32	11.32	17.91	11.33	10.25	10.79	11.86	0.212	63.84
抗震时 M/ kN·m	42.80	64.20	28.70	54.86	39.75	33.29	51.79	45.06	0.258	
减震 M/ kN·m	20.30	29.62	22.24	31.67	22.48	19.24	21.65	23.88	0.186	46.97
抗震时 h_v/m	0.145	0.215	0.127	0.179	0.143	0.152	0.1719	0.162	0.168	
减震 h_v/m	0.102	0.113	0.075	0.110	0.096	0.134	0.149	0.111	0.203	31.24

表6.9 Ⅱ类场地地震动响应对比

地震响应	兰州波	El – Centro	TH1TG035	TH2TG035	TH3TG035	人工波1	人工波2	均值	变异系数	均值减震率/%
抗震时 Q/kN	30.80	28.03	13.65	32.46	43.22	31.21	26.65	29.43	0.276	
减震 Q/kN	21.33	14.32	15.09	18.36	14.42	18.70	15.90	16.87	0.145	42.67
减震 Q'/kN	15.71	8.86	9.81	13.36	8.97	13.13	10.39	11.46	0.212	61.06
抗震时 M/kN·m	43.56	38.18	18.78	44.99	59.41	42.83	36.79	40.65	0.276	44.43
减震 M/kN·m	29.51	18.94	19.63	24.81	18.96	25.15	21.12	22.59	0.165	
抗震时 h_v/m	0.321	0.162	0.105	0.233	0.203	0.165	0.210	0.200	0.314	13.94
减震 h_v/m	0.265	0.156	0.109	0.222	0.082	0.161	0.209	0.172	0.347	

表6.10 Ⅲ类场地地震动响应对比

地震响应	EMC	CPC	LWD	PEL	El – Centro	人工波1	人工波2	均值	变异系数	均值减震率/%
抗震时 Q/kN	27.37	32.72	33.04	33.62	28.03	27.66	31.25	30.53	0.084	
减震 Q/kN	15.78	17.89	14.75	22.56	14.32	15.88	18.40	17.08	0.154	44.04
减震 Q'/kN	10.27	12.45	9.86	16.97	8.86	11.51	12.84	11.82	0.210	61.27
抗震时 M/kN·m	37.39	45.68	45.37	46.17	38.18	38.70	43.15	42.09	0.085	45.31
减震 M/kN·m	20.97	25.24	19.44	30.75	18.94	21.37	24.43	23.02	0.167	
抗震时 h_v/m	0.151	0.399	0.162	0.175	0.162	0.227	0.252	0.218	0.374	10.21
减震 h_v/m	0.100	0.388	0.156	0.123	0.156	0.199	0.250	0.196	0.462	

表6.11 Ⅳ类场地地震动响应对比

地震响应	天津波	Pasaden – a	TRI	TH1TG065	TH2TG065	人工波1	人工波2	均值	变异系数	均值减震率/%
抗震时 Q/kN	18.41	15.71	17.52	28.03	13.75	26.24	25.42	20.73	0.255	
减震 Q/kN	16.41	12.94	16.47	14.31	10.33	15.00	16.03	14.50	0.143	30.05
减震 Q'/kN	11.07	7.66	10.94	8.86	5.18	10.10	11.27	9.30	0.223	55.14
抗震时 M/kN·m	27.42	22.42	26.91	38.18	18.72	36.42	35.65	29.39	0.237	32.01
减震 M/kN·m	23.50	17.69	23.75	18.94	12.67	20.87	22.44	19.98	0.183	
抗震时 h_v/m	0.465	0.294	0.496	0.162	0.100	0.352	0.284	0.308	0.438	0.650
减震 h_v/m	0.463	0.288	0.491	0.158	0.099	0.360	0.280	0.305	0.442	

注：Q 为总的基底剪力，Q' 支柱承受的基底剪力。

从表中数据可以看出，在球形储罐缩尺模型底部附加插销式铅阻尼器后，球罐总的基底剪力，支柱承担的基底剪力及倾覆弯矩均明显降低，总基底剪力及倾覆弯矩减震率在40%左右，支柱承受的剪力减震率在60%左右。说明插销式铅阻尼器能很好地控制球罐地震动响应。从整体来看，Ⅳ类场地减震率相对较小，这是由于此时抗震模型的地震动响应本身较小，阻尼器未能充分发挥阻尼滞回耗能的作用。而对晃动波高来说由Ⅰ类场地至Ⅳ类场地，其减震率逐渐降低，整体来说减震效率不是特别高，说明在罐底附加插销式铅阻尼器对晃动波高的控制有限。图6.21为TH3TG025、兰州波、El-Centro波、TRI波作用下阻尼器阻尼力滞回曲线。

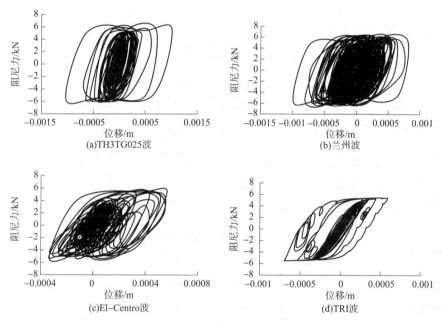

图6.21 铅阻尼器阻尼力滞回曲线

6.3.5.2 1000m³ 液化石油气球形储罐算例

取某一1000m³液化石油气球形储罐作为补充算例进行减震分析。储液高度为$H=1.5R$。忽略其内压影响，储液密度为480kg/m³，球罐直径为12.3m，球心距地面8m，拉杆上部连接处距地面6m。模型参数如表6.12所示。阻尼器尺寸如表6.13所示。从表6.14至表6.17中的数据表明总基底剪力减震率在40%左右，这与小罐模型计算结果基本一致。因此可认为罐底附加插销式铅阻尼器能较好地减弱球形储罐的地震响应。

表 6.12　模型参数

构件	型号/mm	密度/(kg/m^3)	弹性模量/($10^{11}N/m^2$)	屈服强度/($10^8N/m^2$)	切线模量/($10^9N/m^2$)	泊松比
球壳(16MnR)	厚34	7850	2.06	2.15	2.06	0.3
支柱(10 根)	$\phi426 \times 10$	7800	1.92	2.15	2.06	0.3
拉杆(10 对)	直径56	7800	1.92	4.90	2.06	0.3

表 6.13　阻尼器尺寸

构件	尺寸
铅芯	半径(40mm)×长(200mm)×4 根
橡胶套管	内径(40mm)×外径(60mm)×长(200mm)×4 根
上下钢板	长(400mm)×宽(400mm)

表 6.14　Ⅰ类场地地震动响应对比

地震响应	TH1TG025	RH2TG025	广州波	均值	均值减震率/%
减震时剪力/kN	745.0	874.0	359.0	659.3	42.2
抗震时剪力/kN	1290.0	1320.0	811.0	1140.3	
减震时晃动波高/m	0.22	0.36	0.1	0.23	34.3
抗震时晃动波高/m	0.35	0.49	0.21	0.35	

表 6.15　Ⅱ类场地地震动响应对比

地震响应	TH1TG035	RH1TG035	TH2TG035	均值	均值减震率/%
减震时剪力/kN	765.0	852.0	741.0	786.0	46.5
抗震时剪力/kN	1210.0	1720.0	1480.0	1470.0	
减震时晃动波高/m	0.15	0.38	0.28	0.27	27
抗震时晃动波高/m	0.33	0.47	0.32	0.37	

表 6.16　Ⅲ类场地地震动响应对比

地震响应	人工波1	TH2TG045	El – Centro	均值	均值减震率/%
减震时剪力/kN	866.0	772.0	724.0	787.4	40.1
抗震时剪力/kN	1510.0	1350.0	1080.0	1313.3	
减震时晃动波高/m	0.65	0.45	0.32	0.47	17
抗震时晃动波高/m	0.76	0.51	0.43	0.57	

表6.17　Ⅳ类场地地震动响应对比

地震响应	TH1TG065	RH1TG065	TRI_TREASURE	均值	均值减震率/%
减震时剪力/kN	886.0	986.0	860.2	910.7	43.3
抗震时剪力/kN	1620.0	1810.0	1390.0	1606.7	
减震时晃动波高/m	0.53	0.75	0.67	0.65	13.3
抗震时晃动波高/m	0.62	0.86	0.77	0.75	

参考文献

[1] 朱英, 杨一凡, 朱萍, 等. 球罐和大型储罐[M]. 北京: 化学工业出版社, 2005.

[2] Paul Summers, Paul Jacob. Development of New Base Isolation Devices for Application at Refineries and Petrochemical Facilities[C]. 13th World Conference on Earthquake Engineering Vancouver, B. C., Canada, 2004 August 1(6): 1036.

[3] Joaquin Marti, Alessandro Poggianti, Giulia Bergamo, et al. Seismic Protection at Petrochemical Facilities: Main Results from INDEPTH Project[C]. 10th World Conference on Seismic Isolation, Energy Dissipation adn Active Vibrations Control of Structures, Istambul, Turkey, May 2007.

[4] Massimo Forni, Alessandro Poggianti. Shaking Table Tests on a Spherical Tank Mock-up Provided with Seismic Isolation and Flexible Piping Connections[C]. Asme Pressure Vessels & Piping/icpvt-11 Conference, 2005.

[5] Bergamo G., Gatti F. New methodologies for the reduction of seismic risk at petrochemical facilities in Europe[C]. Proceedings of 9th World Seminar on Seismic Isolation, Energy Dissipation and Active Vibration Control of Structures, Kobe, Japan, 2005.

[6] Maria Gabriella CASTELLANO, Alessandro POGGIANTI, Paul SUMMERS. Seismic Retrofit of Spheres Using Energy-Dissipating Braces[C]. First European Conference on Earthquake Engineering and Seismology, Geneva, Switzerland, 3-8 September 2006.

[7] P. B. Summers, M. G. Castellano, G. Bergamo. Seismic Risk Reduction at Petrochemical and LNG Facilities: Main Results from INDEPTH Project[C]. The 14th World Conference on Earthquake Engineering, Beijing, China, October 12-17, 2008.

[8] John C. Drosos, Stephanos V. Tsinopoulos and Dimitris L. Karabalis. Seismic Response of Spherical Liquid Storage Tanks with Dissipative Bracing System[C]. 5th Gracm International Congress on Computational Mechanics Limassol, 2005.

[9] Yaron Offir, Emad NSIERI, Alex Shohat. Seismic Retrofit of Exting Spherical Tank Using Non-linear Viscous Dampers[C]. 2nd European Conference on Earthquake Engineering and Seismology, Istanbul, Turkey, August 2014.

[10] Curadelli O. Seismic reliability of spherical containers retrofitted by means of energy dissipation devices[J]. Engineering Structures, 2011, 33(9): 2662-2667.

[11] J. C. Drosos, S. V. Tsinopoulosb, D. L. Karabalisc. Seismic retrofit of spherical liquid storage tanks with energy dissipative devices[J]. Soil Dynamics and Earthquake Engineering. 2019, 119: 158 – 169.

[12] 肖志刚. 球形储液罐地震反应分析及减振方法研究[D]. 哈尔滨：哈尔滨工业大学, 2006.

[13] 戴鸿哲, 王伟, 肖志刚. 球形储液罐液 – 固耦联地震反应及减振方法[J]. 哈尔滨工业大学学报, 2010, 42(4): 515 – 520.

[14] Junqi Chen, Qingjun Xian, Peng Zhang. Seismic response analysis and damping method of spherical liquid storage tank[J]. IOP Conference Series: Materials Science and Engineering, 2019, 542: 012006.

[15] 周利剑, 卢召红, 郭俊男, 等. 附加黏滞阻尼器的球形储罐减震性能研究[J]. 世界地震工程, 2019, 35(02): 57 – 67.

[16] 王振, 韩玉光. 球形储罐结构地震反应控制研究[J]. 大连民族学院学报, 2009, 11(05): 450 – 453.

[17] 宫成欣. 球形储罐地震反应及结构控制研究[D]. 大庆：大庆石油学院, 2007.

[18] 宫成欣. 油气田中球形储罐地震反应及结构控制[J]. 油气田地面工程, 2015, 34(3): 55 – 56.

[19] 高云鹏, 赵鸣, 刘磊. 液化天然气球罐耗能柱脚的研究[J]. 特种结构, 2013, 30(04): 18 – 22.

[20] 高云鹏, 赵鸣. 带减震构造的立式 LNG 球罐减震性能分析[J]. 特种结构, 2013, 30(05): 57 – 64.

[21] Matthias Wieschollek, Maik Kopp, Benno Hoffmeister, et al. Seismic design of spherical liquid storage tanks[J]. COMPDYN – Computational Methods in Structural Dynamics and Earthquake Engineering Corfu, GreeceVolume: 3rd International Conference, May 2011.

[22] 下坂茂. 安装油压减震器的球罐在地震时的动态[J]. IH1, 1976, 24(6): 59.

[23] 山下一雄, 田川建吾, 周济昌, 等. 球罐抗震器的研制[J]. 化工炼油机械通讯, 1979, 02: 56 – 63.

[24] 吕远, 孙建刚, 孙宗光, 崔利富, 王振. 球形储罐罐底附加黏弹性阻尼器减震研究[J]. 振动工程学报, 2018, 31(05): 789 – 798.

[25] 崔利富, 吕远, 孙建刚, 程丽华, 王振. 球形储罐罐底附加插销式铅阻尼器减震研究[J]. 压力容器, 2020, 37(10): 38 – 45 + 69.

[26] 周云. 黏弹性阻尼器减震结构设计[M]. 武汉：武汉理工大学出版社, 2006.

[27] Chang K C, Lai M L, Soong T T, Hao D S, Yeh Y C. Seismic Behavior and Design Guideline for Steel Frame Structures with Added Viscoelastic Damper[R]. NCEER 93 – 0009, National Center for Earthquake Engineering Research. Buffalo, NY. 1993.

[28] GB 50191—2012 构筑物抗震设计规范[S].